Khi Pa Landgraf und Markus Altoé

SCHIESSEN MIT ZIELFERNROHR

Theorie und Praxis
für Sport, Jagd,
Militär und Polizei

WIELAND

Khi Pa Landgraf und Markus Altoé

SCHIESSEN MIT ZIELFERNROHR

Theorie und Praxis für Sport, Jagd, Militär und Polizei

1. Auflage, 2020

ISBN 978-3-938711-99-6

Wieland Verlag GmbH, Rosenheimer Straße 22, D-83043 Bad Aibling
Telefon 08061/38998-0, Fax 08061/38998-20
Internet: www.wieland-verlag.com
E-Mail: service@wieland-verlag.com

Fotos & Grafiken: Markus Altoé und Khi Pa Landgraf (soweit nicht anders angegeben)

Umschlaggestaltung und Layout: Caroline Wydeau

FSC www.fsc.org MIX Papier aus verantwortungsvollen Quellen FSC® C084279

Druck: Print Consult
Printed in EU

INHALT

ANMERKUNG:
In diesem Buch wird aus Gründen der Einfachheit vom Schützen in der männlichen Form gesprochen. Gemeint sind aber natürlich genauso die Schützinnen!

VORWORT

Das Schießen mit Zielfernrohrgewehren gehört zu den anspruchsvollsten Varianten des Schusswaffengebrauchs. Die vielen Faktoren, die dabei Einfluss nehmen, die erforderliche Konzentration, das nötige Wissen und viele Fertigkeiten – das alles muss im Moment der Schussauslösung effektiv und zielgerichtet angewendet werden. Das erfordert ein intensives Auseinandersetzen mit der Materie, um ein umfassendes Verständnis für die Funktionen und Zusammenhänge aufzubauen.

Zielfernrohrgewehre stellen Anforderungen an den Nutzer, die weit über das simple Krümmen eines Abzugs hinaus gehen. Dieses Buch soll einen Einblick in die Grundlagen geben und den Leser mit allen Aspekten vertraut machen. Auswahl, Anpassung und Einstellung eines Zielfernrohrs für die persönlichen Einsatzzwecke spielen dabei genauso eine Rolle wie das Verständnis von Ballistik und Korrekturwertermittlungen.

In diesem Buch werden die Grundlagen einfach und didaktisch sinnvoll erläutert und mit Übungsbeispielen verdeutlicht. Darüber hinaus enthält es einen Überblick über die verschiedenen Anwendungsbereiche sowie einige praktische Übungen zum Erlernen und Festigen der notwendigen Fähigkeiten. Die fachkundige Anleitung eines qualifizierten Ausbilders wird durch dieses Buch natürlich nicht ersetzt, aber es kann ein grundlegendes Verständnis für die kausalen Zusammenhänge schaffen, die das Schießen mit Zielfernrohrgewehren so faszinierend machen.

Wir wünschen viel Spaß beim Lesen und Erarbeiten der Grundlagen!

Khi Pa Landgraf und Markus Altoé

GRUNDLEGENDE SICHERHEITSREGELN

- Eine Waffe ist immer als geladen zu betrachten, bis man sich vom Gegenteil überzeugt hat!

- Eine Waffe ist nie auf etwas zu richten, was man nicht treffen will!

- Der Abzugsfinger berührt den Abzug erst, wenn die Visiereinrichtung auf das Ziel gerichtet ist und verlässt diesen, sobald die Visiereinrichtung das Ziel verlässt!

- Man muss sich seines Ziels und des Schusses sicher sein!

EINLEITUNG

Das Schießen mit Zielfernrohrgewehren fordert vom Schützen ein hohes Maß an Konzentration und Fertigkeiten. Dabei geht es um sehr viel mehr, als nur eine Waffe mit Zielfernrohr vom Händler des Vertrauens in Empfang zu nehmen, anzulegen und zu schießen. Das mag unter kontrollierten Bedingungen noch mehr oder weniger gut funktionieren, doch ein Treffer mit dem gewünschten Resultat ist dabei eher Zufall als die Regel. Ändern sich die Bedingungen, ändern sich auch die Anforderungen. Insbesondere für das Schießen auf größere Entfernungen bedarf es in solchen Fällen fundierter Kenntnisse und einiger Fähigkeiten, um einen Erfolg zu erzielen.

In diesem Buch möchten wir die wesentlichen Grundlagen und Kenntnisse vermitteln. Das beginnt bei der Auswahl des Arbeitsgeräts und reicht bis hin zu den verschiedensten Einflussfaktoren. Für deren Bewertung und Kalkulation soll dieses Buch als Arbeitsgrundlage und Nachschlagewerk dienen.

Der Einsatz von optischen Hilfsmitteln zur Zielvergrößerung, um gezielte Schüsse anbringen zu können, ist noch gar nicht so alt. Wie die meisten Errungenschaften in der Schusswaffenwelt basieren auch Zielfernrohre auf militärischen Entwicklungen. Während die ersten „Scharfschützen" aus dem amerikanischen Bürgerkrieg noch mit offenen Visierungen agierten, entwickelte sich bald die Notwendigkeit der optischen Vergrößerung. Der Grund war die munitionstechnische Weiterentwicklung mit der Patronenmunition, ballistisch effektiveren Geschossen und gezogenen Läufen, die die Reichweite deutlich erhöhten. Mit der Montage eines einfachen Fernrohrs auf ein Gewehr bei einem Schießwettkampf ehemaliger Soldaten begann alles. Die Grundidee des Zielfernrohrs war geboren.

Im Laufe der Zeit entwickelte sich das System Zielfernrohr und Schusswaffe immer weiter und wurde im Ersten und Zweiten Weltkrieg durch spezielle Markierungen im Glas ergänzt, um auch auf größere Entfernungen gezielte Treffer zu ermöglichen. Durch die Weiterentwicklung der Zielfernrohre mit dem sogenannten Absehen (dazu später mehr) stiegen auch die Anforderungen an die Schützen. Sie mussten nun zusätzliche Faktoren in den Schuss einkalkulieren. Es folgte eine Anpassung von Waffen und Zielfernrohren in unterschiedlichen Kombinationen an unterschiedliche Anwendungsgebiete.

Das Ergebnis dieser Entwicklung zeigt sich im heutigen Markt, der eine schier unendliche Vielzahl an unterschiedlichsten Marken, Produkten und Varianten von Zielfernrohren für die verschiedensten Zwecke bietet. Um dabei das Richtige für sich selbst zu finden, ist es nötig, sich mit der Materie ausführlich zu befassen, damit das investierte Geld auch sinnvoll verwendet wird. Anderenfalls kann man sehr schnell einige Tausender für Dinge ausgeben, die zwar schön aussehen, jedoch keinerlei Nutzen bringen.

DAS ZIELFERNROHR

Ein Zielfernrohr ist ein geschlossenes optisches Zielgerät. Es basiert auf einem bildvergrößernden Linsensystem, das mit einer Zielmarkierung versehen ist. Fest auf einer Waffe montiert, dient es der gezielten Schussabgabe auf ein statisches oder dynamisches Ziel – auch auf Entfernungen, bei denen das Treffen ohne bildvergrößernde Hilfsmittel nicht mehr möglich ist. Die Leistungsfähigkeit und Qualität moderner Zielfernrohre übersteigt die der frühen Modelle der Weltkriege bei weitem. Trotzdem sind gute Fertigkeiten und fundiertes Wissen die entscheidenden Faktoren für einen Treffer, nicht die Ausrüstung.

Der heutige Markt bietet eine Unmenge an Zielfernrohren für unterschiedlichste Anwendungszwecke in verschiedensten Ausführungen. Bei der Auswahl müssen folgende Merkmale berücksichtigt werden:

- Bauform
- Brennweite
- Lichtstärke
- Vergrößerung
- Schussfestigkeit

Darauf wird in den folgenden Abschnitten eingegangen. Zwei weitere wichtige Aspekte sind die Art des Absehens und der Parallaxenausgleich. Damit beschäftigen wir uns in folgenden Kapiteln.

1.1 BAUFORM

Die Bauform des Zielfernrohrs hängt im wesentlichen von der Vergrößerung und der Lichtstärke (Objektivgröße) ab. Bei modernen Zielfernrohren unterscheidet man zwischen den klassischen Zielfernrohren und den sogenannten Drückjagdgläsern. Klassische Zielfernrohre weisen Objektivgrößen von mehr

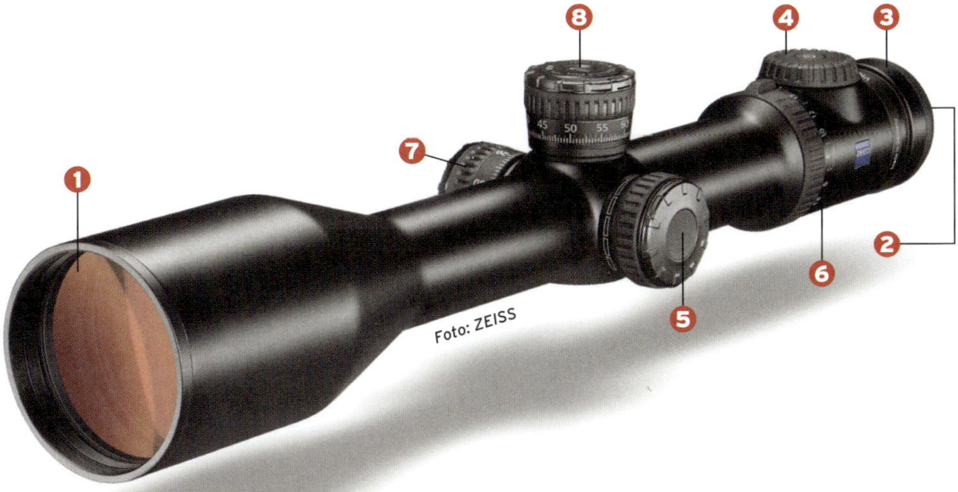

1 *Objektiv*
2 *Okular*
3 *Dioptrieneinstellung Okular*
4 *Einstellung Absehenbeleuchtung (optional)*
5 *Justierturm Parallaxenausgleich*
6 *Einstellring Vergrößerungsfaktor*
7 *Justierturm Seite*
8 *Justierturm Höhe*

als 40 Millimetern auf, um eine entsprechende Lichtstärke und Vergrößerung zu erreichen. Sie sind für den Distanzschuss ausgelegt und beginnen mit mindestens 3- oder 4-facher Vergrößerung.

Im Gegensatz dazu werden Drückjagdgläser auf kürzere Distanzen genutzt und haben in der Regel eine Anfangsvergrößerung von nur 1- bis 1,2-fach und eine Maximalvergrößerung von 4- bis 6-fach. Somit eignen sie sich besonders für die schnelle Schussabgabe auf Kurzdistanzen von 30 bis etwa 200 Meter, während klassische Jagdgläser hier erst beginnen, nutzbar zu werden.

1.2 VERGRÖSSERUNG

Die Vergrößerung bei Zielfernrohren richtet sich nach der Nutzungsart. Grundsätzlich unterscheidet man zwischen festen Vergrößerungen und Zoom-Zielfernrohren mit verstellbarer Vergrößerung. Die Vergrößerungsangabe findet man an Anfang der Zielfernrohrbezeichnung, zum Beispiel 4-12 x 50 oder 6 x 42. Dabei gibt die erste Zahl die minimale Vergrößerung, die zweite Zahl die maximale Vergrößerung an. Bei Gläsern mit einer Vergrößerung wird nur diese angegeben.

Die Vergrößerung kann das entscheidende Auswahlkriterium für ein Zielfernrohr sein. Will man auf stark variierende Entfernungen und unterschiedliche Zielgrößen arbeiten, empfiehlt sich ein Glas mit variabler Vergrößerung. Ist die Nutzung eher auf einen festgelegten oder wenig variierenden Entfernungsbereich beschränkt, ist eine einstellbare Vergrößerung nicht nötig.

Grundsätzlich lässt sich die maximale Vergrößerung grob festlegen als 1/100 der Schussdistanz. Also zum Beispiel 4-fach bei einer Distanz von 400 Metern. Noch stärkere Vergrößerungen sind wenig sinnvoll, denn das Sehfeld verringert sich mit zunehmender Vergrößerung proportional. Damit wird auch die Zielumgebung oder auch das Gesamtziel auf einen sehr kleinen Ausschnitt beschränkt. Je nach Vergütung der Linsen leidet auch die Qualität des Zielbilds.

1.3 BRENNWEITE UND LICHTSTÄRKE

Grundsätzlich gilt: Je größer das Objektiv, umso höher die Lichtstärke. Den Durchmesser (auch Brennweite genannt) findet man in der Zielfernrohrbezeichnung an letzter Stelle in Millimetern angegeben, zum Beispiel 50 Millimeter bei einem Zielfernrohr mit der Bezeichnung 4-12 x 50. Die ersten beiden Zahlen geben die minimale und maximale Vergrößerung an.

Je größer das Objektiv ist, umso größer wird nicht nur das Sehfeld, sondern auch die Menge an Licht, die durch das Objektiv in die Linsen einfallen kann. Je mehr Licht herein kommt, umso besser und klarer ist die Bilddarstellung – insbesondere bei schlechten Lichtverhältnissen. Aus diesem Grund findet man bei modernen Jagdoptiken auch selten Objektivdurchmesser von weniger als 45 mm. Ein großer Durchmesser fordert jedoch auch seinen Tribut: Das Glas muss auf höhere Montagen gesetzt werden, um überhaupt auf einer Waffe montiert werden zu können. Dadurch verschiebt sich die Lage der Visierlinie nach oben, was gegebenenfalls Anpassungen am Schaft der Waffe (zum Beispiel Wangenauflage, Schafterhöhung etc.) erfordert.

Die Lichtstärke eines Zielfernrohrs wird weiterhin durch den Mittelrohrdurchmesser (Tubusdurchmesser) beeinflusst. Hier hat sich ein Durchmesser als Trennlinie zwischen klassischen Jagdgläsern und den kleineren Drückjagdgläsern etabliert: 30 mm. Auch wenn es einige Vertreter der beiden Gruppen auf den jeweils anderen Seiten der 30-mm-Marke gibt, kann dieser Wert allgemein als die Grenze angesehen werden.

Das hängt damit zusammen, dass große Objektivdurchmesser nur Sinn ergeben, wenn das einfallende Licht durch entsprechend große Linsen verarbeitet und zum Auge des Schützen transportiert wird. Bei zu kleinen Mittelrohrdurchmessern wird ein Teil des Lichts nicht weitergeleitet. Das führt unter anderem zu unscharfen Randbereichen und verzerrten Zielbildern. Dieses Phänomen zeigt sich auch bei schlecht vergüteten Linsen. Auf die Begriffe Dämmerungszahl und Austrittspupille wird später im Zusammenhang mit der jagdlichen Anwendung genauer eingegangen.

1.4 SCHUSSFESTIGKEIT

Nutzt man ein Zielfernrohr auf einer Schusswaffe, ist es unerlässlich, dass es den auftretenden Kräften beim Schuss widerstehen kann. Insbesondere das Linsensystem darf durch auftretende Impulskräfte nicht aus der Lage gebracht werden. Die Hersteller geben in der Regel an, für welche Waffenarten und bis zu welchem Kaliber die Schussfestigkeit geprüft und garantiert wird. Die Schussfestigkeit des Glases bringt jedoch nur 50 Prozent der Gesamtschussfestigkeit, denn ohne eine entsprechende Montage lässt sich ein Glas nicht schussfest montieren. Auswahl und Befestigung der Montage wird im Kapitel 3 behandelt.

DAS ABSEHEN

Spricht man vom Absehen, meint man damit die feine Zielmarkierung im Zielfernrohr, mit der die Ausrichtung der Waffe auf ein Ziel erfolgt. Der Markt bietet eine Vielzahl unterschiedlichster Absehen in diversen Detaillierungsgraden an. Grundsätzlich unterscheidet man:

- einfache Zielkreuze (inzwischen eher selten zu finden)
- Duplex-Absehen
- mil-Absehen
- ballistische Absehen

Grundsätzlich sind alle Absehen sowohl in Gläsern mit fester, als auch mit verstellbarer Vergrößerung zu finden. Allerdings findet man einfacher gestaltete Strichbilder häufig in Gläsern mit fester Vergrößerung. Absehen finden sich in der ersten Bildebene (Objektivebene) oder zweiten Bildebene (Okularebene). Die Positionierung hat entscheidenden Einfluss auf die Art und Weise, wie man mit dem Zielfernrohr arbeitet.

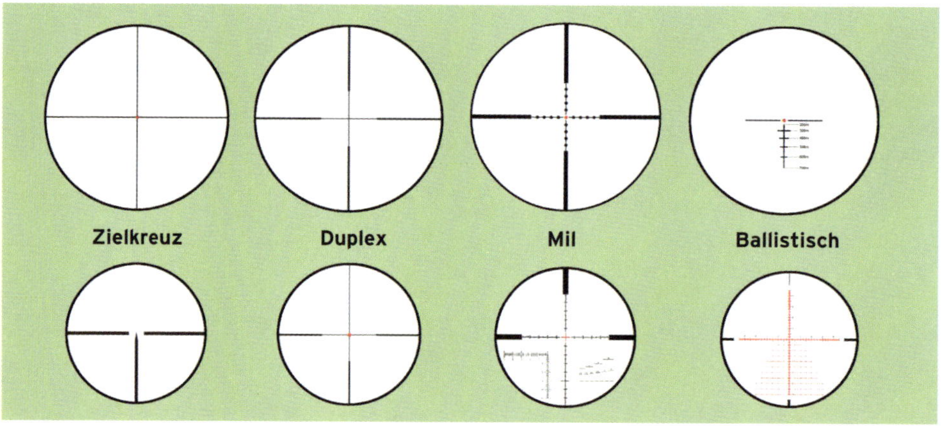

Der Markt bietet eine Vielzahl an standardisierten und individuellen Absehen, die sich grundsätzlich in vier Kategorien einteilen lassen.

Absehen in der ersten Bildebene (front/first focal plane) werden bei der Vergrößerungseinstellung im gleichen Verhältnis zum Bild dargestellt, also vergrößert oder verkleinert. Dadurch bleiben Größenverhältnisse, Zielmarkierungen, Vorhaltemarken und so weiter immer im selben Verhältnis zum Zielbild und können in jeder Vergrößerung uneingeschränkt genutzt werden.

Absehen in der zweiten Bildebene (second focal plane) haben nur in einer Vergrößerungsstufe (in der Regel die größte) das korrekte 1:1-Verhältnis zum Zielbild. Dadurch ergeben sich häufig Einschränkungen in der Nutzung aufgrund eines eingeschränkten Sehfelds oder unscharfen Randbereichen des Zielbilds bei schlechten Vergütungen. Das stellt bei einfachen Zielkreuz- und Duplex-Absehen noch keine wirklich schwere Beeinträchtigung dar. Doch Absehen mit Zielentfernungsmarkierungen, mil-Absehen und ballistischen Absehen werden dadurch in der Nutzbarkeit stark eingeschränkt.

2.1 ZIELKREUZE

Die einfachste Form der Absehen stellen die Zielkreuze dar. Diese Absehen basieren auf den frühesten Zielfernrohren und wurden ursprünglich für Gläser mit fester Vergrößerung entwickelt. Die Zielmarkierung (Kreuz, Stachel, Pfeil, Dreieck) stellt den Treffpunkt auf eine justierte Entfernung dar und muss entweder durch Einstellung an Justiertürmen oder durch Abschätzen auf andere Entfernungen verstellt werden. Diese Absehen sind in der Regel sehr fein gearbeitet, um auf größere Entfernungen Ziele nicht vollständig zu verdecken.

2.2 DUPLEX-ABSEHEN

Die Weiterentwicklung der Zielkreuze stellen die Duplex-Absehen dar. Hier wird das feine Zielkreuz durch Zielbalken mit genormter Balkendicke ergänzt. Diese Absehenart ermöglicht das Erkennen der Zielmarkierung auch ohne Beleuchtung unter eingeschränkten Sichtverhältnissen. Besonders im jagdlichen

Bereich finden diese Absehen Verwendung, da sie leicht und auch unter erschwerten Sichtverhältnissen nutzbar sind, ohne das Zielbild mit unnötigen Informationen zu belasten. Auch eine Justierung des Absehens ist für die gängigsten jagdlichen Distanzen nicht notwendig. Häufig werden diese Absehen für die Nutzung unter schlechten Sichtverhältnissen mit einer Gesamt- oder Teilbeleuchtung der Zielmarkierung angeboten.

2.3 BALLISTISCHE ABSEHEN

In den letzten Jahren brachten immer mehr Hersteller Zielfernrohre mit einem ballistischen Absehen heraus. Vor allem Zielfernrohre mit kleinen Vergrößerungen und optische Zielhilfen für militärische Standardwaffen in den Kalibern 5,56x45 mm NATO und 7,62x51 mm NATO nutzen diese ballistischen Absehen. Ursprünglich sollten sie es den behördlichen Anwendern ermöglichen, schnell auf unterschiedliche Entfernungen zu schießen. Da Behörden in der Regel standardisierte Munition mit gleichbleibenden Ladungsdaten und Geschossgewichten nutzen, ist die Verwendung ballistischer Absehen hier durchaus sinnvoll. Für zivile Anwender, die unter eine Vielzahl unterschiedlicher Munitionssorten mit verschiedensten Ladungsdaten und Geschossgewichten auswählen können, ist die Nutzung ballistischer Absehen eher unzweckmäßig.

Ballistische Absehen geben Vorhaltemarken für eine durchschnittlich ermittelte Munition eines Kalibers an. Das heißt, es ergeben sich grundsätzlich Abweichungen zur tatsächlich verwendeten Munition, die mit zunehmender Schussentfernung immer größer werden. Ein verlässlicher Treffer ist daher nur unter bestimmten Bedingungen möglich und erfordert in der Regel die Einbeziehung von Erfahrungswerten mit der genutzten Munition und die Anpassung der vorhandenen Zielmarkierungen an diese Werte. Diese Art der Nutzung widerspricht aber dem Grundgedanken der Vereinfachung.

2.4 MIL-ABSEHEN

So genante mil-Absehen sind nach dem englischen Begriff Milliradian benannt, einem Winkelmaß (mehr dazu im Kapitel 5). Neben den jagdlich genutzten Duplex-Absehen sind mil-Absehen in den unterschiedlichsten Formen die am weitesten verbreiteten Absehen für Zielfernrohre. mil-Absehen entstanden als Weiterentwicklung der klassischen Duplex-Absehen und ergänzen diese durch Zielmarkierungen in genormten Abständen. Diese Markierungen ermöglichen nicht nur schnelle Schusskorrekturen bei wechselnden Außenverhältnissen ohne separate Einstellung an den Justiertürmen, sondern auch die Ermittlung von Zielentfernungen und Zielgrößen mithilfe einfachster Berechnung. Man findet drei unterschiedliche mil-Absehen auf dem Markt: Army Style Mildot, USMC Style Mildot und mil-Balken.

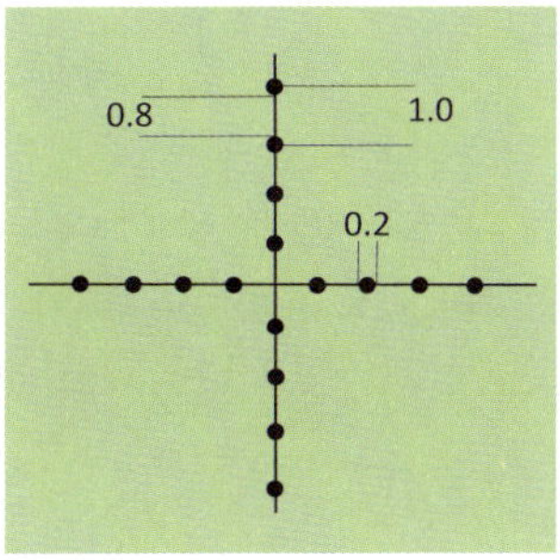

Army Style Mildot

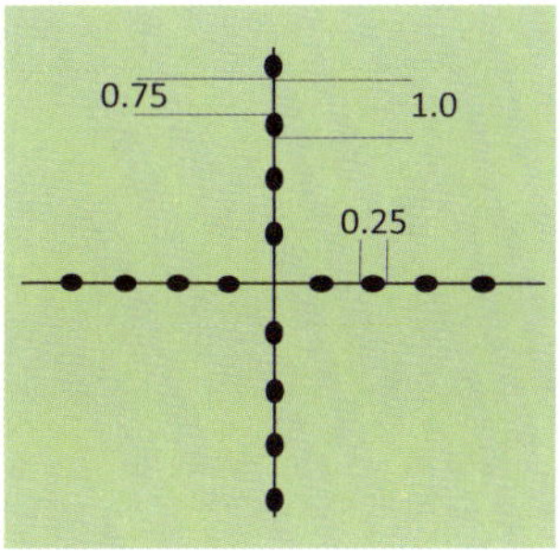

USMC Style Mildot

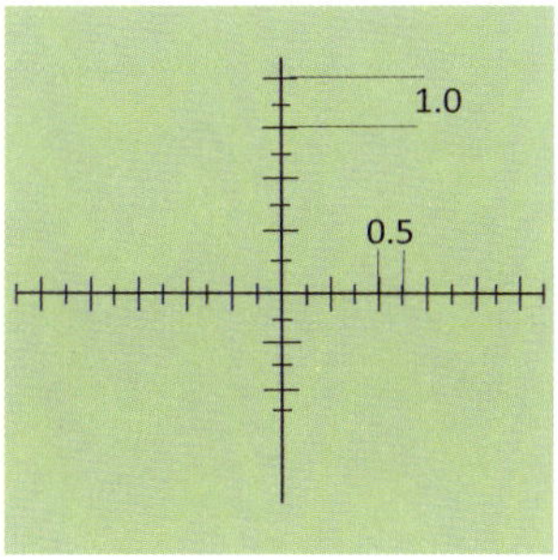

mil-Balken

Die mil-Absehen in der ersten Bildebene ermöglichen die volle Nutzung der Markierungen in allen Vergrößerungseinstellungen, da die Abstände zwischen den einzelnen Markierungen in jeder Einstellung das gleiche Verhältnis zur Bildvergrößerung haben. Bei mil-Absehen in der zweiten Bildebene sieht das anders aus: Hier ist das Verhältnis der Markierungsmaße zum Zielbild nur in einer einzigen Vergrößerung korrekt abgestimmt. Das bedeutet jedoch nicht, dass man das Absehen nur in dieser einen Einstellung nutzen kann. Die Verwendung erfordert jedoch etwas Übung und im Vorfeld ein wenig Arbeit. Wird in der korrekten Vergrößerung ein Ziel mit bekannten Abmaßen im richtigen

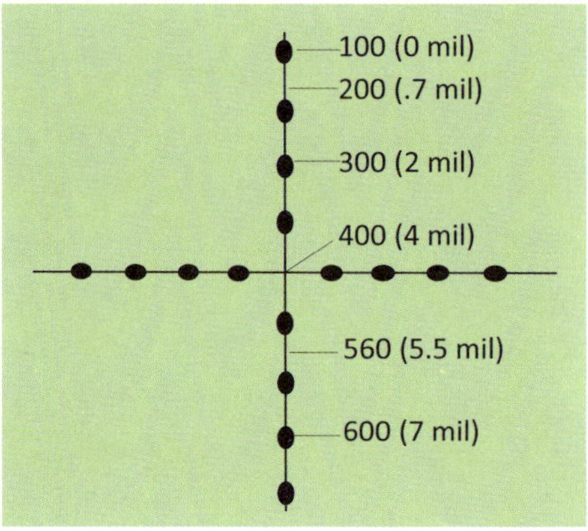

Mit Kenntnis der waffenspezifischen, ballistischen Daten der verwendeten Munition kann für die Zielmarkierungen im Absehen eine Entfernungszuordnung erfolgen und somit ein „ballistisches Absehen" erzeugt werden. Diese kann im Datenbuch nachgehalten werden. Dabei ist zu beachten, dass die Daten sich bei Munitionswechsel oder geänderten Außeneinflüssen ändern.

Verhältnis dargestellt, so kann man von dort aus Halb- und Viertelverhältnisse ermitteln.

Moderne Zielfernrohre nutzen bei detaillierten Absehen in der Regel das mil-System. Dadurch ergeben sich für Schützen diverse Möglichkeiten, Schusskorrekturwerte zu ermitteln oder Korrekturen schnell durchzuführen, Entfernungen und Zielgrößen zu ermitteln und Vorhalte für Bewegung und Wind ohne externe Justierung zu nutzen.

Neben der Ermittlung von Kenngrößen und der schnellen Schusskorrektur können mil-Absehen auch als ballistische Absehen für jede Munition verwendet werden, sofern man die ballistischen Daten der Munition kennt. Dazu benötigt man als Schütze nur den Geschossabfall in mil und kann so, ausgehend von einer justierten Ausgangsmarkierung, die mil-Markierungen den jeweiligen Haltepunkten für unterschiedliche Entfernungen zuordnen. Anders als bei fest justierten ballistischen Absehen kann durch die Notizen im Schussdatenbuch das Absehen jeder beliebigen Munitionssorte zugeordnet werden.

Je detaillierter das Absehen gestaltet ist, um so feiner können Korrekturwerte ermittelt und Korrekturen durchgeführt werden. Allerdings wird das Absehen unter Umständen auch unübersichtlicher, so dass die Arbeit damit zu einer fordernden Konzentrationsaufgabe wird. Hier ist im Vorfeld zu überlegen, welchen Detaillierungsgrad man tatsächlich braucht. Zudem ist die Nutzung und das korrekte Ablesen eines mil-Absehens von Erfahrung und Detailgrad abhängig. Mit zunehmender Erfahrung sowie entsprechenden Vergleichswerten kann man als Schütze einen fehlenden Detaillierungsgrad bis zu einem gewissen Maß kompensieren.

Der Unterschied einer Ablesung zwischen Mildot-Absehen der ersten und zweiten Generation kann schon zwischen Treffer und Fehlschuss entscheiden. Während die erste Generation ausschließlich Punkte/Ovale nutzt, wurden bei der zweiten Generation Zwischenmarkierungen eingefügt, mit denen der Unterschied zwischen 0,5 und 0,75 mil schon deutlich besser erkennbar ist als bei der ersten Generation. Noch genauer werden Ablesungen mit detailreichen mil-Balken-Absehen, bei denen feine 0,2-mil-Einteilungen gemacht werden. Das Arbeiten mit mil-Absehen jeder Art benötigt Erfahrung. Dazu ist Übung unter unterschiedlichen Witterungs- und Lichtbedingungen sowie eine nachvollziehbare Dokumentation notwendig.

Wie man sieht, sind verschiedene Absehen für unterschiedliche Zwecke sinnvoll – oder eben auch nicht. Die Variationen von Absehen, die auf dem Markt verfügbar sind, reichen von simplen Strichbildern bis hin zu bildfüllenden Zielmarkierungen, die bei korrekter Nutzung eine Unmenge von Daten zum Ziel schnell verfügbar machen. Für den Großteil der Anwender sind diese Daten jedoch kaum zweckmäßig. Man sollte daher überlegen, ob ein solches Absehen nicht eher kontraproduktiv ist.

2.5 EINSTELL- UND JUSTIERMÖGLICHKEITEN

Alle Zielfernrohre verfügen mindestens über eine Höhen- und Seitenverstellung des Absehens, um eine genaue Justierung auf die Waffe zu ermöglichen. Diese erfolgt in der Regel über eine sogenannte Klickverstellung, bei der ein Klick einem bestimmten Verstellmaß zugeordnet ist, zum Beispiel 1/2, 1/4, 1/8, oder 1/10 mil/MOA. Diese Verstellung erfolgt über Justiertürme, die auf und am Systemkasten des Zielfernrohrs angebracht sind und über Stellschrauben die Lage des internen Linsensystems beeinflussen. Je genauer dieses System gefertigt ist, umso genauer ist die sogenannte Wiederholgenauigkeit, also die tatsächliche Bewegung des Linsensystems im Verhältnis zum angezeigten Einstellmaß.

Auch dabei gibt es verschiedene Varianten der Justiermöglichkeiten. Man unterschiedet zwischen innen- und außenliegenden Justiertürmen. Innenliegende Justiertürme können als flache oder hochstehende Variante ausgeführt sein. Sie werden mit Abdeckkappen vor versehentlicher Verstellung und Verschmutzung geschützt. Vor der Justierung müssen diese Kappen entfernt werden, um an den eigentlichen Einstellmechanismus zu gelangen. Die Einstellung erfordert in der Regel ein Werkzeug. Diese Variante des Justiermechanismus findet sich hauptsächlich bei Gläsern, die für sportliche oder jagdliche Zwecke genutzt werden und bei denen kaum eine Nachjustierung erforderlich ist (zum Beispiel bei statische Disziplinen).

Im Gegensatz dazu stehen die außenliegenden Justiertürme, die in der Regel als hochbauende Version direkt für den Schützen erreichbar sind. Sie finden sich insbesondere an militärischen Zielfernrohren und solchen, die eine häufige Justierung ermöglichen müssen. Das ist immer dann der Fall, wenn äußere Faktoren bei variierenden Zielen und Distanzen kompensiert werden müssen, zum Beispiel beim Long-Range-Schießen oder im behördlichen Einsatz. Diese Justiertürme verfügen bei qualitativ hochwertigen Gläsern über eine sehr hohe Wiederholgenauigkeit und sind in der Regel mit einem Verriegelungsmechanismus gegen unbeabsichtigte Verstellung gesichert. Zudem verfügen sie über eine außenliegende Beschriftung zur schnellen Klickverstellung und ermöglichen die nachträgliche Einrichtung der „Nullstellung“.

Derartige Justiertürme findet man eher bei Zielfernrohren mit variabler Vergrößerung und einem komplexeren Absehen mit mil- oder ähnlichen Markierungen. Solche komplexen optischen Zielhilfen sind eher für den professionellen behördlichen Einsatz konzipiert als für den jagdlichen oder sportlichen

Fotos: ZEISS

Außenliegende Justiertürme mit Schnellverstellung ermöglichen einen leichten Zugriff und schnelle Justierung/Korrektur.

Für den sportlichen oder jagdlichen Bereich ist in der Regel keine Schnellverstellung der Justierung nötig. Daher sind hier innenliegende Justierschrauben bzw. unter Schraubkappen geschütze Justiertürme zu finden.

Bereich. Aufgrund ihrer steigenden Beliebtheit im zivilen Bereich werden solche Gläser inzwischen von verschiedenen Herstellern auch im mittelpreisigen Segment angeboten. Hier ist jedoch eine genaue Prüfung der Qualität nötig.

Moderne Zielfernrohre mit variabler Vergrößerung verfügen zumeist über einen dritten Justierturm, der seitlich am Systemkasten angebracht ist. Er dient dem sogenannten Parallaxenausgleich. Dieser sollte unbedingt vorhanden sein, um Fehlschüsse aufgrund von Bildverschiebungen (Parallaxe) zu verhindern. Mehr dazu in einem späteren Abschnitt. Der Parallaxenausgleich erfolgt in der Regel stufenlos. Man sollte sich darüber im klaren sein, dass die angebrachten Entfernungsangaben eher Anhaltspunkte als genaue Angaben sind. Eine Nachbesserung ist dabei in der Regel notwendig.

Das letzte, aber wichtige Kriterium ist der Dioptrienausgleich am Okular. Dieser sollte unbedingt vorhanden sein, um das Glas optimal an das Schützenauge anpassen und so einen ermüdungsfreien Blick durch das Zielfernrohr ermöglichen zu können. Moderne Gläser, egal welcher Bauart, verfügen über eine solche Einstellmöglichkeit. Die Einstellung und Nutzung wird ebenfalls in einem späteren Abschnitt behandelt.

MONTAGE DES ZIELFERNROHRS

Die richtige Montage eines Zielfernrohrs ist die Basis für einen erfolgreichen Treffer. Fehler, die hier gemacht werden, können später kaum noch korrigiert werden. Die Fähigkeit, ein Zielfernrohr selbst zu montieren, zählt daher zu den grundlegenden Fertigkeiten eines ambitionierten Schützen.

Alles beginnt mit der Montagebasis. Hier unterscheidet man zwischen Schienenmontagen, Montageringen und Blockmontagen. Schienenmontagen werden überwiegend im jagdlichen Bereich verwendet und bestehen in der Regel aus einer Schiene am Zielfernrohr und einer Montagebasis auf der Waffe. Der Vorteil von Schienenmontagen ist, dass man sie – im Gegenteil zu Zielfernrohren ohne Schiene – nicht verkantet auf die Waffe montieren kann. Des weiteren besteht bei dünnwandigen Zielfernrohren keine Gefahr der Deformation. Nachteilig ist, dass Zielfernrohre mit Schiene höher auftragen als solche ohne Schiene. Ein weiterer Nachteil ist auch das höhere Gewicht der Variante mit Schiene. Die Montage ist im Vergleich zur Ringmontage auch aufwändiger.

Während Montageringe einzeln auf der Aufnahme an der Waffe sitzen, verfügen Blockmontagen über Ringe, die auf einer gemeinsamen Basis montiert sind. Dadurch wird eine 100-prozentige Ausrichtung der Ringe zueinander gewährleistet. Werden Einzelringmontagen nicht korrekt zueinander ausgerichtet montiert, führt das zu seitlichen Ablagen durch Torsion des Zielfernrohrkörpers. Diese Verdrehung kann vermieden werden, wenn die Montage in der korrekten Reihenfolge durchgeführt wird.

Neben der Grundbauweise der Zielfernrohrmontage gilt es, sich für die Ausführung zu entscheiden. Hier kann man zwischen Standardmontagen und Schnellspannmontagen wählen. Während in der Vergangenheit die Schnellspannmontagen eher von geringer Qualität waren, hat sich das inzwischen drastisch geändert. Schnellspannmontagen in Qualitätsausführung bieten nun

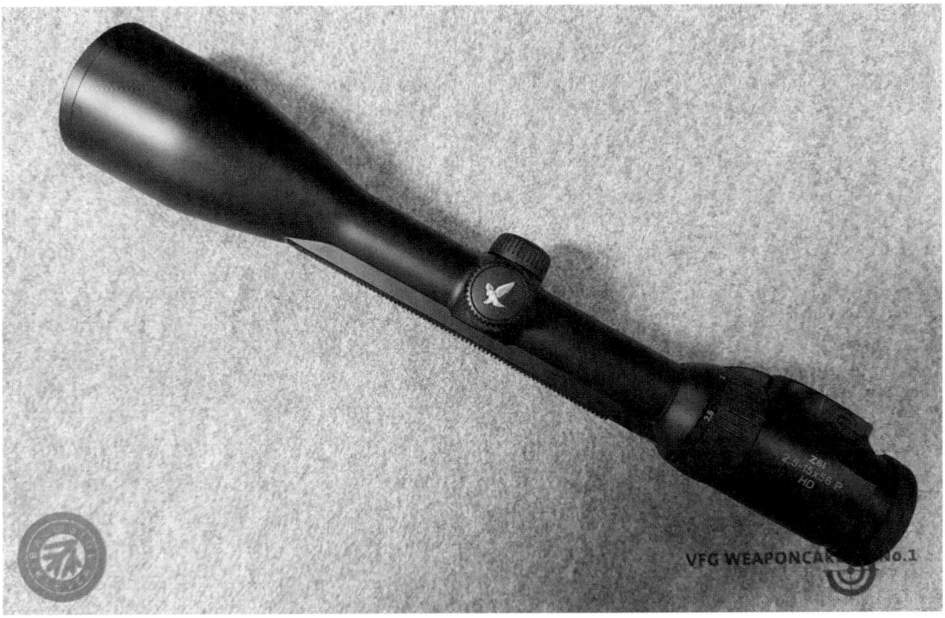

Zielfernrohr mit Montageschiene.

Detail: integrierte Montageschiene am Zielfernrohr.

Blockmontagen wie diese bieten eine perfekte Ausrichtung der Montageringe zueinander.

Einzelne Montageringe erfordern größere Sorgfalt beim Einlegen und Befestigen des Glases, um keine Spannungen beim Festziehen der Schrauben auf das Glas zu bringen.

ENTSCHEIDUNGSKRITERIEN MONTAGEART		
	Schnellspannmontage	Standardmontage
Das Glas soll schnell ausgewechselt werden	●	
Waffe und Glas sollen auf einen bestimmten Zweck abgestimmt sein		●
Möglichkeit zur Überprüfung der Justierung vorhanden	●	
Schaftform erfordert bestimmte Montagehöhe/-ausführung		●
Nutzung eines Glases auf mehreren Waffen	●	
Waffe erfordert spezielle Montagebasis		●

eine hervorragende Wiederholgenauigkeit bei De- und Wiedermontage. Auch bei Schnellspannmontagen findet man sowohl Einzelringe als auch Blockmontagen.

Welche Montageart man wählt, bleibt jedem selbst überlassen, doch gibt es einige Kriterien, die bei der Entscheidungsfindung helfen können. Hier geht es vor allem um die Häufigkeit der Nutzung auf einer oder mehreren Waffen, un-

Moderne Schnellspannmontagen ermöglichen ein schnelles und wiederholgenaues Aufsetzen des Zielfernrohrs auf dem System.

terschiedliche Bauhöhen, Schaftausführungen und so weiter. Möchte man zum Beispiel mehrere Waffen nutzen, steht man vor der Entscheidung, ob ein Glas für alle Waffen verwendet oder für jede Waffe ein eigenes Glas angeschafft werden soll. Letzteres bedingt, dass die Finanzmittel aufgeteilt werden und dabei gegebenenfalls die Qualität leidet, auch wenn es bereits gute Gläser im mittleren Preissegment gibt.

3.1 AUSRICHTEN DER WAFFE

Ist die passende Montage angeschafft, geht es darum, das Zielfernrohr korrekt zu platzieren und in der Montage zu befestigen. Die Waffe muss zunächst waagerecht ausgerichtet werden, um später das Zielfernrohr korrekt in den Montageringen zu montieren. Dazu bietet es sich an, die Ausrichtung an Schaft und System zu kontrollieren.

3.2 MONTAGE DER RINGE/SCHIENE

Im zweiten Schritt wird die Montage beziehungsweise die Montageringe auf der Systemschiene montiert und geöffnet. Dabei ist darauf zu achten, dass die Montage bei Weaver/Picatinny-Schienen in Schussrichtung an die Vorderkante der nächsten Kerbe gesetzt wird. Dadurch wird später verhindert, dass beim Schuss die Montage durch die Rückstoßenergie gegebenenfalls erst an diese Position „rutscht“ und so die Trefferlage beeinflusst wird.

Um bei Einzelaufnahmen die korrekte Ausrichtung zu erhalten, kann ein verwindungssteifes Kunststoffrohr oder ein Holzstab in Tubusdurchmesser während der Montage in die Ringe eingelegt werden. Dabei geht man wie folgt vor:

- offene Ringe auf das System aufsetzen
- Rohr/Stab einlegen und Ringe handfest schließen
- Montageschrauben lösen und Montage mit Rohr/Stab leicht auf dem System

Der Schaft muss zur Montage genau ausgerichtet werden, um später eine optimale Montage des Zielfernrohrs zu ermöglichen.

Auch die Ausrichtung des Systems im Schaft muss überprüft werden, um später eine genaue Montage und Justierung des Zielfernrohrs zu ermöglichen.

Beim Aufsetzen der Montage auf Picatinny- oder Weaver-Schienen ist darauf zu achten, dass diese in Schussrichtung an die Vorderkante der jeweiligen Nut gesetzt werden, um ein späteres Rutschen durch den Schussimpuls zu verhindern. Nur wenige Hersteller fertigen passgenaue Systemmontagen und -schienen, bei denen kein Bewegungsspielraum vorhanden ist.

bewegen, um eine eventuell vorhandene Torsionsspannung zu lösen
- Montageschrauben über Kreuz anziehen und sichern
- Ringmontagen öffnen und Rohr/Stab entnehmen

3.3. POSITIONIEREN DES ZIELFERNROHRS

Im Anschluss wird das Zielfernrohr in die Montage eingelegt und so positioniert, dass im Anschlag ein korrekter Augenabstand zum Okular besteht. Das erreicht man am besten, indem man die Waffe in den Anschlag bringt und ein Helfer das Glas in der Aufnahme vor und zurück bewegt, bis der korrekte Augenabstand (keine Randtrübung, Tubusschatten etc.) erreicht ist. Diese Position sollte dann markiert werden. Führt man diesen Schritt allein durch, sollte man die Montage schließen und die Schrauben so weit anziehen, dass das Verschieben des Glases in den Montageringen noch problemlos möglich ist.

Nach dem Einlegen und provisorischen Befestigen des Glases muss dieses optimal ausgerichtet werden. Es empfiehlt sich, dabei mit zwei Wasserwaagen oder Dosenlibellen zu arbeiten, um die Position des Systems im Auge zu behalten. So kann eine perfekte Ausrichtung des Glases zur Waffe gewährleistet werden.

3.4 ZIELFERNROHR BEFESTIGEN

Ist die korrekte Position des Zielfernrohrs in der Montage eingerichtet, wird diese geschlossen und die Schrauben handfest angezogen. Dabei ist darauf zu achten, dass das Glas in der waagerechten Position bleibt. Eine vorherige Kontrolle der Ausrichtung von Schaft und System ist dabei unerlässlich.

Um die waagerechte Position des Glases zu kontrollieren, bietet es sich an, eine gerade Oberfläche (zum Beispiel Justierturm) zu nutzen und dort eine Wasserwaage zu platzieren. Behelfsmäßig kann die Position auch mithilfe eines geraden Blechs oder etwas ähnlichem kontrolliert werden, indem damit die Ausrichtung zwischen System und Unterkante des Zielfernrohrs überprüft wird. Dabei wird das Blech gerade auf dem System aufgelegt und gegen das Zielfernrohr gekantet. Bei korrekter Ausrichtung sollte kein Lichtspalt zwischen Glas und Blech zu sehen sein.

Während des Anziehens der Schrauben ist auf eine weiterhin waagerechte Ausrichtung der Waffe und des Zielfernrohrs zu achten! Durch das Festziehen der Schrauben kommt es vor, dass die Ausrichtung einseitig gestört und das Glas damit in der Montage verdreht wird. Um dem entgegen zu wirken, kann der Tubus in den Ringen mit Fixiermitteln (Einlegeband etc.) zusätzlich gesichert werden. Viele Montagen verfügen bereits werkseitig über entsprechende Beigaben.

Ist das Zielfernrohr korrekt in der Montage fixiert, werden die Schrauben einzeln (!) gelöst und mit einem Fixiermittel (zum Beispiel Loctite) wieder angezogen. Dabei sollten die Schrauben überkreuzweise gelöst und festgezogen werden. Zum Abschluss sollten die Schrauben noch mit einem kontrollierten Drehmoment von mindestens 4 Nm (Herstellerangaben des Zielfernrohrs beachten!) angezogen werden.

Bei Bedarf kann eine zusätzliche Wasserwaage/Dosenlibelle oder ähnliches für die spätere Kontrolle der Waffenausrichtung montiert werden. Damit kann man im späteren Verlauf ein Verkanten der Waffe kontrollieren und ausgleichen.

Behelfsmäßig kann die Ausrichtung des Glases zum System mit einem geraden Blech oder Ähnlichem überprüft werden. Dazu wird das Blech gerade auf das System aufgelegt und an die Unterseite des Glases gekantet. Dabei darf kein Spalt zwischen Blechkante und Glas entstehen.

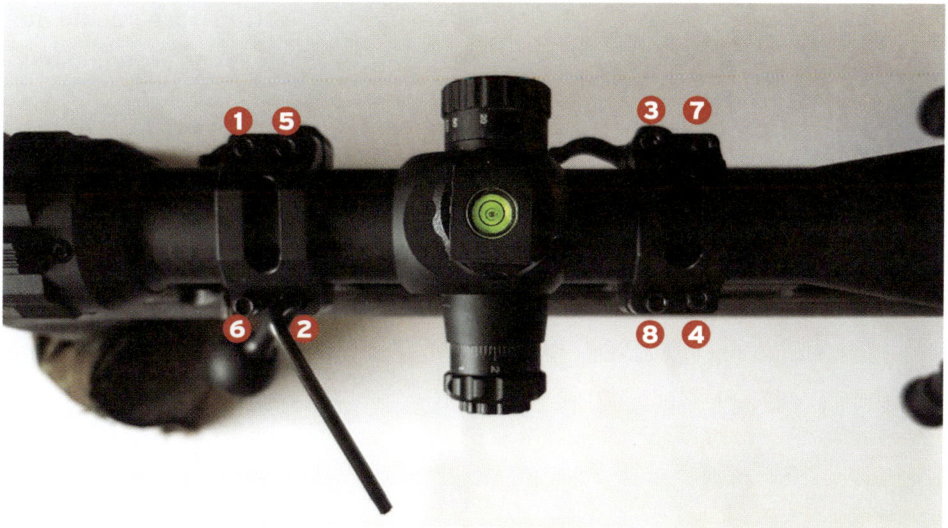

Beispiel für die Reihenfolge des Festziehens der Montageschrauben über Kreuz, um einen gleichmäßigen Anzug zu erhalten.

Um in der späteren Nutzung Ablagen durch Verkantung zu vermeiden, kann eine Wasserwaage / Dosenlibelle am Zielfernrohr oder System befestigt werden. Auch diese muss entsprechend der Waffe gerade ausgerichtet werden.

EINSTELLEN DES ZIELFERNROHRS

Neben der Montage ist das Einstellen des Zielfernrohrs auf den Nutzer eine grundlegende Voraussetzung für eine effektive Nutzung. Daher empfiehlt es sich nicht, einem anderen die Montage und Justierung zu überlassen.

Moderne Zielfernrohre verfügen über diverse Einstellmöglichkeiten, um optimal an den Schützen angepasst zu werden. Nachdem die Montage mit dem korrekten Augenabstand zum ZF erfolgt ist, beginnt man zunächst mit der Justierung der Sehschärfeneinstellung am Okular.

Diese Justierung ist in der Regel nur einmal pro Nutzer nötig, sofern sich die Sehstärke nicht gravierend ändert. Brillenträger sollten das Zielfernrohr so einstellen, wie die Waffe später auch genutzt werden soll – mit oder ohne Sehhilfe. Die Justierung der Sehschärfeneinstellung sollte, wenn möglich, mit einem Helfer durchgeführt werden, um ein optimales Ergebnis zu erzielen.

Dazu geht man wie folgt vor:

1. Schütze geht hinter der Waffe in Anschlag. ZF auf mittlere Vergrößerung (Absehen in Einzelheiten gut sichtbar!), Augen geschlossen
2. Helfer hält ein weißes Blatt Papier in einem Abstand von etwa 60 cm vor das ZF (Ablenkung durch den Hintergrund vermeiden!)
3. Schütze öffnet für etwa 1,5 Sekunden die Augen und merkt sich das Bild des Absehens
4. Helfer justiert die Sehschärfeneinstellung am Okular um wenige Zentimeter in eine Richtung weiter
5. Schütze öffnet die Augen für etwa 1,5 Sekunden und gibt an, ob sich das Bild verbessert oder verschlechtert hat, danach schließt er die Augen wieder
6. Helfer justiert entsprechend der Angaben des Schützen nach

7. Wiederholung der Schritte 5. und 6. in immer kleiner werdenden Abschnitten, bis das Absehen unmittelbar nach dem Öffnen der Augen klar und deutlich sichtbar ist
8. Ist die korrekte Einstellung gefunden, sollte diese markiert werden, um sie im Fall einer Verstellung wieder zu finden

Das Absehen muss im Moment des ersten Blicks klar und scharf erkennbar sein, um später während der Zielaufnahme eine Nachjustierung durch die Augen zu vermeiden. Ein korrekt eingestelltes Okular wirkt der Augenermüdung merklich entgegen. Die Nutzung eines neutralen Hintergrunds verhindert, dass die Adaptation der Sehschärfe ungewollt auf den Hintergrund anstatt auf das Absehen erfolgt.

Bei der Justierung ist es besonders wichtig, dass der Schütze die Augen nur kurz (1-1,5 Sekunden) öffnet und sich das Bild merkt, um eine Anpassung durch Fokussierung zu vermeiden. Wenn das Auge beginnt, das Absehen trotz Unschärfe nachzufokussieren, ist eine korrekte Einstellung nicht mehr möglich, und der Vorgang muss wiederholt werden.

Ist die Sehschärfeneinstellung korrekt justiert, kann die Parallaxe (siehe Infokasten) im Verlauf des Zielvorgangs durch den Parallaxenausgleich ebenfalls korrekt eingestellt werden. Dazu wird ein Ziel mit Hilfe der Parallaxenverstellung scharf fokussiert und die Korrektur durch leichtes Bewegen des Kopfes im Anschlag bei gleichzeitigem Blick durch das ZF auf Verschiebung geprüft. Bewegt sich das Absehen dabei über dem Ziel, ist die Parallaxenverstellung nicht korrekt justiert und muss nachgestellt werden. Sollte in keiner Einstellung ein parallaxenfreies Zielbild erreicht werden, kann die Justierung der Seh-

Mit dem Einstellring am Okular kann das Zielfernrohr grundlegend an die eigene Sehstärke angepasst werden.

schärfeneinstellung fehlerhaft sein, oder die Mechanik des Zielfernrohrs ist beschädigt beziehungsweise qualitativ minderwertig.

Ein weiterer Grund für eine Verschiebung können klimatische Bedingungen sein: Hitzeflimmern lässt das Zielbild verschwimmen, was den Eindruck eines Parallaxenfehlers vermitteln kann. Ebenso können starke Sonneneinstrahlung und schräger Lichteinfall Ziele in größerer Entfernung „optisch verschieben". Um derartigen Phänomenen zu begegnen, sollte ein Zielfernrohr in einer neutralen klimatischen Umgebung getestet werden, zum Beispiel in einer Indoor-Anlage. Sofern keine solche Anlage verfügbar ist, empfiehlt es sich, für die Kontrolle eine Zeit zu wählen, bei der natürliches Licht ohne Blendwirkung und keine starken Temperaturunterschiede zwischen Boden und bodennaher Luft herrschen. Für den späteren Einsatz der Waffe unter allen Witterungsbedingungen ist es nötig, die Schusswerte unter den jeweiligen Bedingungen zu erfassen und nachzuhalten – also ein Schussdatenbuch zu führen.

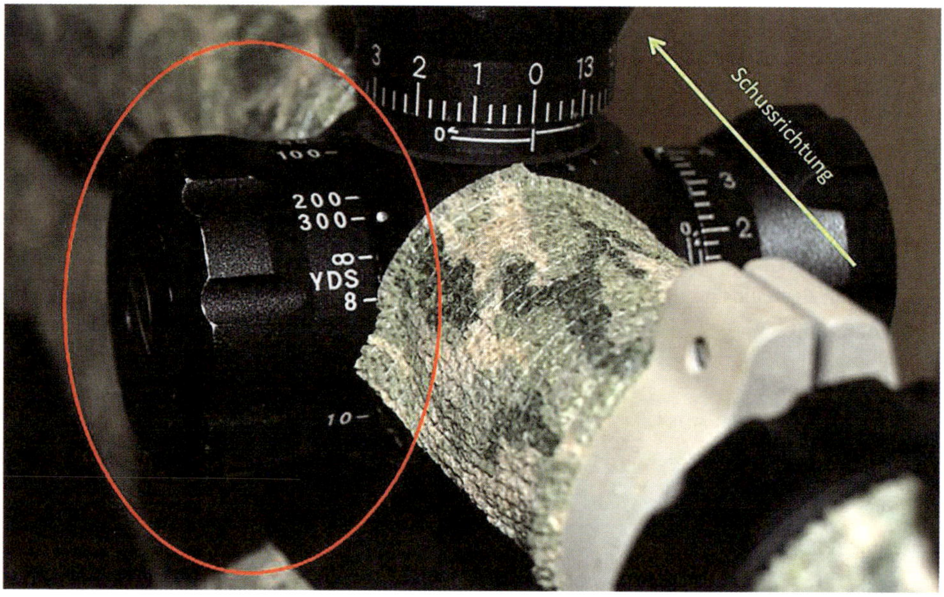

Die Parallaxenverstellung befindet sich entweder als Stellturm an der Seite des Systemkastens oder wird über eine Dreheinstellung am Objektiv justiert.

DER PARALLAXENAUSGLEICH

Als Parallaxe bezeichnet man die Abweichung zwischen zwei Bildebenen. Dabei verschiebt sich die Okularebene eines Zielfernrohrs mit verstellbarer Vergrößerung über der Objektivebene, wodurch sich das Absehen je nach Blickeinfall in das Zielfernrohr auf der dargestellten Bildebene des Ziels verschiebt. Um diesem Effekt entgegen zu wirken, sind Zielfernrohre in der Regel mit einem sogenannten Parallaxenausgleich versehen. Dieser befindet sich in Form eines Stellturms seitlich am Zielfernrohr oder ist am Objektiv montiert.
Darauf befinden sich zumeist Entfernungsangaben (häufig in yd), mit denen eine Einstellung des Parallaxenausgleichs auf die jeweilige Zielentfernung erleichtert werden soll. Dabei wird der Fokus des Objektivs in Feineinstellung justiert, so dass ein klares Bild des Ziels sichtbar ist. Das funktioniert jedoch nur, wenn die Sehschärfeneinstellung am Okular korrekt justiert ist.
Die Justiermarken an der Parallaxeneinstellung sind zumeist nur relativ grob. Abhilfe kann man durch nachgravierte Kappen (durch den Hersteller beziehbar) oder mit einer Reißnadel und etwas weißer Farbe schaffen. Hat man durch Erprobung die korrekten Einstellungen gefunden und markiert, ist es sehr schnell möglich, den korrekten Parallaxenausgleich für die verschiedenen Entfernungen in den Vergrößerungsstufen einzustellen. Die korrekte Einstellung kann wie folgt ermittelt werden:

- Korrekte Sehschärfeneinstellung am Okular wählen
- Ziel in der Bildebene scharf stellen (Über- und Unterfokussierung nutzen!)
- Waffe ruhig legen und den Kopf während des Blicks durch das ZF leicht hoch, runter, links und rechts bewegen. Ist die korrekte Einstellung gewählt, verschiebt sich das Absehen nicht über dem Zielbild.

Der Parallaxenausgleich kann auch zur Entfernungsermittlung zum Ziel genutzt werden, wenn die Witterungsverhältnisse (Hitzeflimmern, Lichteinfall etc.) das zulassen. Dazu wird das Zielbild im ZF durch Über- und Unterfokussierung scharf justiert und die entsprechende Einstellung am Stellturm für den Parallaxenausgleich abgelesen.

MOA UND MIL

5.1 MOA (MINUTE OF ANGLE)

Die Winkelminute (minute of angle, MOA) ist eine Maßeinheit für einen Winkel. Bei der MOA handelt es sich um ein 60stel eines Grades. Eine Winkelveränderung von einem MOA am Zielfernrohr führt zu einer bestimmten Abweichung am Treffpunkt. Diese Abweichung ist abhängig von der Entfernung.

Dieses Verhältnis basiert auf der mathematischen Grundlage des Strahlensatzes. Danach ist in einem linearen System, bei dem zwei Strahlen in einem Winkel zueinander stehen, das Verhältnis zwischen der Entfernung zum Nullpunkt und dem Strahlenabstand an dieser Entfernung für jeden Punkt gleich:

A/D = B/E = C/F

Die Abweichung, die 1 MOA Veränderung verursacht, nimmt auf größere Entfernung also linear zu. Auf 100 yd entspricht 1 MOA etwa 1 Zoll (genau 1,047") am Treffpunkt. Umgerechnet auf das metrische System bedeutet das 2,78 cm auf 100 m. Auf verschiedene Entfernung ergibt sich eine Tabelle mit genauen und gerundeten Werten. Für den Feldgebrauch kann überschlägig mit einem Wert von 3 cm gerechnet werden.

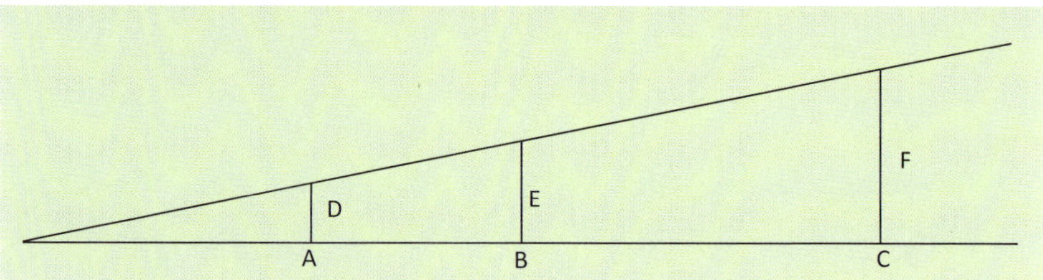

Das Verhältnis von Entfernung vom Ursprungspunkt zu Abstand der Strahlen unter einem spezifischen Winkel ist immer das selbe. Aus diesem Verhältnis können Zielgrößen und Entfernungen ermittelt werden.

MOA VERÄNDERUNG / AUSWIRKUNG AM TREFFPUNKT					
Entfernung [yd]	Wert in Zoll	gerundet	Entfernung [m]	Wert in cm	gerundet
100	1,05	1,1	100	2,78	2,8
200	2,09	2,1	200	5,56	5,6
300	3,14	3,1	300	8,34	8,4
400	4,19	4,2	400	11,12	11,1
500	5,24	5,2	500	13,9	14,0
600	6,28	6,3	600	16,68	16,7
700	7,33	7,3	700	19,46	19,5

Um dieses Wissen nun auf die Nutzung von Zielfernrohren zu übertragen, muss man anfangen, in MOA zu denken.

Beispiel 1:
Die Zielentfernung beträgt 400 Meter. Als Geschossabfall auf diese Entfernung nehmen wir 11 cm an (dieser Wert muss für jede verwendete Munition ermittelt werden, mehr dazu später). Das Zielfernrohr hat eine Verstellung von ¼ MOA pro Klick.

Auf die Zielentfernung von 400 m gilt laut Tabelle: 1 MOA entspricht 11,1 cm. Um das Ziel zu treffen, muss also 1 MOA hoch angehalten werden, beziehungsweise das Zielfernrohr um 1 MOA hoch verstellt werden. Bei ¼ MOA pro Klick entsprechen 4 Klicks 1 MOA. Das Zielfernrohr muss also um 4 Klicks hoch verstellt werden, um die Trefferlage ins Ziel zu bringen.

Beispiel 2:
- Der Geschossabfall beträgt auf 400 m 16,7 cm.
- 1 MOA auf 400 m ~ 11,1 cm
- 16,7 cm / 11,1 cm = 1,5
- notwendige Einstellung des ZF: 1,5 MOA hoch = 6 Klicks

➡ Das Zielfernrohr muss um 6 Klicks hoch verstellt werden.

Übungen (Lösungen ab Seite 174):

- Zielentfernung 200 m, Trefferlage 14 cm tief, 1 Klick = ½ MOA
- Zielentfernung 250 m, Trefferlage 7 cm tief, 1 Klick = 1/8 MOA
- Wie groß ist 1 MOA in cm auf 280 m?

5.2 MIL (MILLIRADIAN)

Milliradian (mil, auch als mrad abgekürzt) ist ein weiteres Winkelmaß. Ein mil ist der tausendste Teil eines ganzen Radianten. Dieser ist definiert durch einen Radius und ein Bogensegment des zugehörigen Kreises, wobei Radius und Bogensegment gleich lang sind. Das Bild zeigt das Verhältnis von Zielentfernung (Radius) und zugehörigem Bogensegment, woraus sich ein spezifischer Winkel ergibt. Ein Tausendstel dieses Bogensegments entspricht dabei 1 mil.

Der Milliradian bildet die Grundlage für die mil-Absehen (zum Beispiel Mildot) sowie diverse Strichbilder in Ferngläsern und Spektiven zur Entfernungs- und

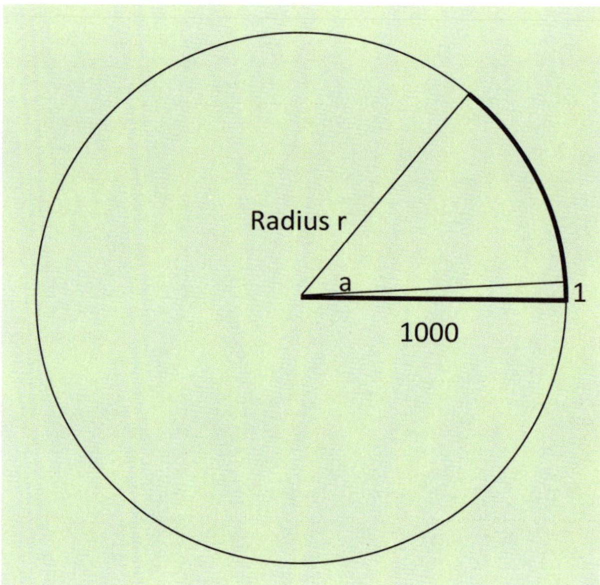

Das Verhältnis von Radius zu einem spezifischen Winkel ergibt ein Bogensegment, das dem Radius entspricht. 1/1000 dieses Bogensegments entspricht 1 mil.

Zielgrößenermittlung. Insbesondere für die Nutzung im metrischen System bietet dieses Maß eine einfache und praktikable Basis zur schnellen Schusslösungsermittlung. 1 mil entspricht dabei 10 cm Abweichung auf 100 m, 20 cm auf 200 m, 30 cm auf 300 m und so weiter.

Vielfach finden sich auch Zielfernrohre mit mil-Verstellungen an den Justiertürmen, häufig in Kombination mit einem entsprechenden mil-Absehen, das zumeist mit 1/10-mil-Verstellungen pro Klick arbeitet. Ein Klick verstellt hier also um 1 cm auf 100 m.

Milliradian dienen in Verbindung mit einem entsprechenden Absehen grundlegend zwei Zwecken:

- Entfernungs- und Zielgrößenermittlung
- Schnelle Haltepunktverlegung

Die Entfernungs-/Zielgrößenermittlung erfolgt durch ein einfaches Mess- und Rechenverfahren. Dabei wird zunächst die Zielgröße/-breite in mil ermittelt (Achtung: Bei Absehen in der zweiten Bildebene auf die korrekte Vergrößerung achten!). Weiterhin muss eine weitere Größe (Zielgröße, Zielentfernung) bekannt sein oder geschätzt werden, um die fehlende Größe zu ermitteln. Je genauer die Schätzung ist, umso genauer ist das Ergebnis. Danach werden folgende Formeln angewandt:

$$\frac{\text{Zielgröße [m]} \times 1000}{\text{Größe [mil]}} = \text{Zielentfernung [m]}$$

$$\frac{\text{Größe [mil]} \times \text{Zielentfernung [m]}}{1000} = \text{Zielgröße [m]}$$

Grundsätzlich gilt: Die Einheit, die in die Formel eingesetzt wird, ist auch am Ende die Einheit des Ergebnisses. Will man die Zielgröße in cm einsetzen, aber die Zielentfernung in m erhalten, ändert sich die Konstante von 1000 auf 10.

Etwas anders sieht es bei Yard und Zoll aus: Will man die Zielgröße in Zoll einsetzen und die Entfernung in yd erhalten, so ändert sich die Konstante von 1000 auf 27,77.

Die schnelle Haltepunktverlegung mit Hilfe eines mil-Absehens bietet sich immer dann an, wenn man auf variierende Entfernungen und/oder unter wechselnden Windverhältnissen schießt. Hier ist eine Verstellung des Zielfernrohrs zur schnellen Anpassung praktisch nicht möglich.

Gerade unter wechselnden Windverhältnissen oder einem schnell anzubringenden Schuss ist die Korrektur über mil häufig die einzige Möglichkeit – vorausgesetzt das genutzte Zielfernrohr verfügt über ein entsprechendes Absehen. Das Thema Windkompensation wird später in einem eigenen Abschnitt behandelt, daher wollen wir hier nicht näher darauf eingehen.

Um mit mil zu arbeiten, ist das Verständnis des Zusammenhangs zwischen mil und MOA unerlässlich. Grob entspricht 1 mil 3,5 MOA. Genau betrachtet gibt es zwei Umrechnungswerte, je nachdem, welche Berechnungsgrundlage man nutzt. Der rechnerisch genaue Wert sind 3,438 MOA pro mil. Ein NATO-mil entspricht 3,375 MOA, weil hier mit 6400 mil in einem Vollkreis gerechnet wird, während es rechnerisch exakt 6283,184195301 mil sind. Der gerundete Wert von 3,5 mil pro MOA ist aber für unsere Zwecke hinreichend genau.

2,78 cm / 100 m = 1 MOA

1 mil = 3,5 MOA ➡ 3,5 x 2,78 cm = 9,73 cm

1 mil = 3,375 MOA ➡ 3,375 x 2,78 cm = 9,3825 cm

Man sieht, dass die Rundung in einem Unterschied von nur 0,3475 cm auf 100 Meter resultiert. Selbst auf 1000 Meter beträgt die Abweichung gerade mal dreieinhalb Zentimeter (0,12 MOA). Gleichzeitig hat diese Vereinfachung große Vorteile: Wenn man mit dem Faktor 3,5 rechnet, lässt sich das nicht nur schnell im Kopf erledigen, sondern verkürzt mit etwas Übung oder entsprechenden Schusstabellen die Reaktionszeit bis zum treffgenauen Schuss ungemein.

Vielfach findet man Zielfernrohre mit mil-Absehen, aber MOA-Verstellung, was häufig zu Verwirrung bei der Einstellung führt.

Beispiel:
Zielgröße 90 cm, mil-Ablesung 2,3 mil, 1 Klick = ¼ MOA

$$\frac{0{,}9 \text{ m} \times 1000}{2{,}3 \text{ mil}} = 391{,}3 \text{ m}$$

Die Entfernung liegt also bei knapp 400 Metern. Als Geschossabfall nehmen wir in unserem Beispiel auf 350 Meter einen Wert von 9,8 Zentimeter an, auf 400 Meter entspricht das 11,4 Zentimeter.

Wir wissen aus der Tabelle 1, dass 1 MOA auf 400 m einer Abweichung von 11,1 cm entspricht. Zur Korrektur gibt es also zwei Möglichkeiten:

➡ Verstellung ZF um 4 Klicks (= 1 MOA) hoch

oder:

➡ neuer Haltepunkt 3,5 mil hoch (1 MOA = 3,5 mil)

Übungen:
- Berechne die Entfernung eines 1 m hohen Ziels mit der mil-Ablesung 2 mil
- Wie groß wird das gleiche Ziel abgelesen, wenn die Entfernung nur halb so groß ist?
- Wie hoch ist ein Ziel, das 375 m entfernt im ZF mit 1,2 mil abgelesen wird?

EINSCHIESSEN DES ZIELFERNROHRS

Um das Zielfernrohr effektiv einsetzen zu können, muss es für die genutzte Munition auf eine bestimmte Entfernung justiert (eingeschossen) werden. Diesen Vorgang bezeichnet man als Einschießen, Nullen oder Zeroing. Dabei wird das Zielfernrohr so eingestellt, dass die mittlere Zielmarkierung des Absehens auf die entsprechende Justierungsentfernung „Fleck schießt", also Haltepunkt und Treffpunkt übereinstimmen.

Ist das erfolgt, werden die Stelltürme für Höhe- und Seitenrichtung auf Null gestellt, um so die Ausgangsposition für spätere Korrekturwerte immer wieder finden zu können.

Die Entfernung, die man für die Justierung nutzt, ist den persönlichen Vorlieben beziehungsweise den praktisch abzudeckenden Schussentfernungen überlassen. Dabei wird in der Regel im jagdlichen und sportlichen Bereich eine Einschussentfernung von 100 Metern bevorzugt.

Schießt man auf größere oder häufig wechselnde Distanzen, empfiehlt sich eher eine Justierung auf 200 Meter. Dabei ergibt sich der Vorteil, dass sich für die meisten Kaliber nur ein Berührungspunkt der Visierlinie und der Geschoss-

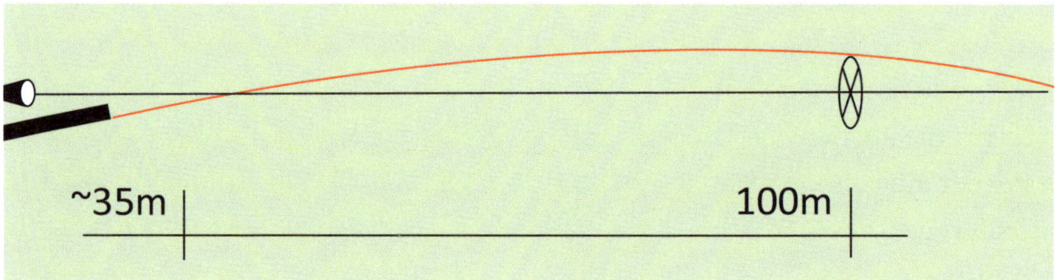

Zwei Schnittpunkte von Geschossflugbahn und Visierlinie bei Justierung auf GEE (günstigste Einschussentfernung) mit Durchgangsebene des Geschosses im Ziel.

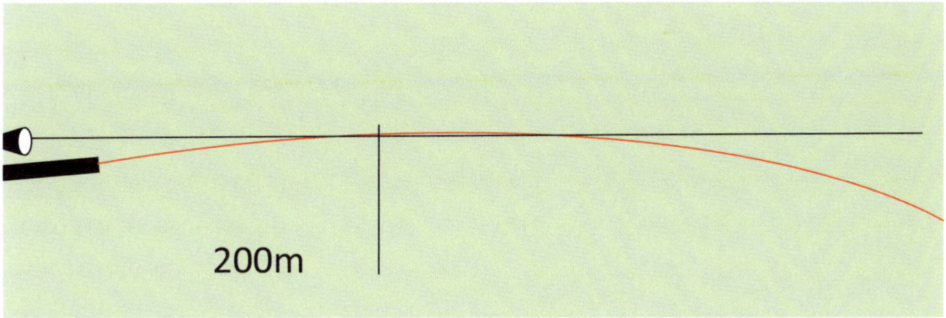

Einzelner Schnittpunkt von Geschossflugbahn und Visierlinie bei Justierung 200 m. Dabei muss grundsätzlich nur in eine Richtung korrigiert werden, was die schnelle Einstellung vereinfacht.

flugbahn ergibt, wodurch die Einstellung der Korrekturwerte nur in eine Richtung nötig ist.

Die Justierung erfolgt immer nach folgendem Schema:

- Schussgruppe (ungerade Zahl an Schüssen!) konzentriert auf ein Ziel in Justierentfernung abgeben
- mittleren Treffpunkt ermitteln und markieren
- gegebenenfalls nötige Höhen- und Seitenkorrekturen am Zielfernrohr durchführen, damit Zielmarkierung und Treffpunkt übereinstimmen
- Kontrollschuss abgeben, um Justierung zu verifizieren, wenn nötig Justierung wiederholen

Die Justierung sollte in dem Anschlag durchgeführt werden, in dem die Waffe später auch praktisch am häufigsten eingesetzt wird. Es ist wichtig, dass man sich für die Justierung Zeit nimmt und ohne Hast konzentriert schießt. Während der Abgabe der Schussgruppen darf der Haltepunkt der Waffe NICHT geändert werden! Außerdem muss die Justierung mit der später genutzten Munition durchgeführt werden, da durch unterschiedliche Geschosse und Laborierungen die Treffpunkte der Munitionssorten voneinander abweichen. Vor allem auf lange Distanzen ist das besonders relevant.

6.1 ERMITTLUNG DES MITTLEREN TREFFPUNKTS

Die erste Schussgruppe wird mit einer ungeraden Zahl an Schüssen abgegeben, um im Anschluss den mittleren Treffpunkt zu ermitteln. Das ist wichtig, da durch Faktoren wie Schütze, Laufschwingung und Munition eine Streuung der Treffer unausweichlich ist. Aus allen Schüssen wird ein Mittel gebildet, was dem idealen Treffpunkt der Waffe am nächsten kommt. Dazu werden nacheinander horizontal und vertikal die Treffer von außen nach innen abgezählt und durch den jeweils mittleren Treffer eine horizontale (horizontales Zählen) beziehungsweise vertikale (vertikales Zählen) Linie gezogen. Der Schnittpunkt beider Linien zeigt den mittleren Treffpunkt an, auf den justiert wird.

Ist der mittlere Treffpunkt ermittelt, kann das Zielfernrohr über die gemessene Entfernung zum Haltepunkt justiert werden, oder durch Verstellen während des Blicks durch das Zielfernrohr. Die zweite Methode erscheint einfacher, erfordert jedoch ein Festlegen der Waffe während der Einstellung, mit dem

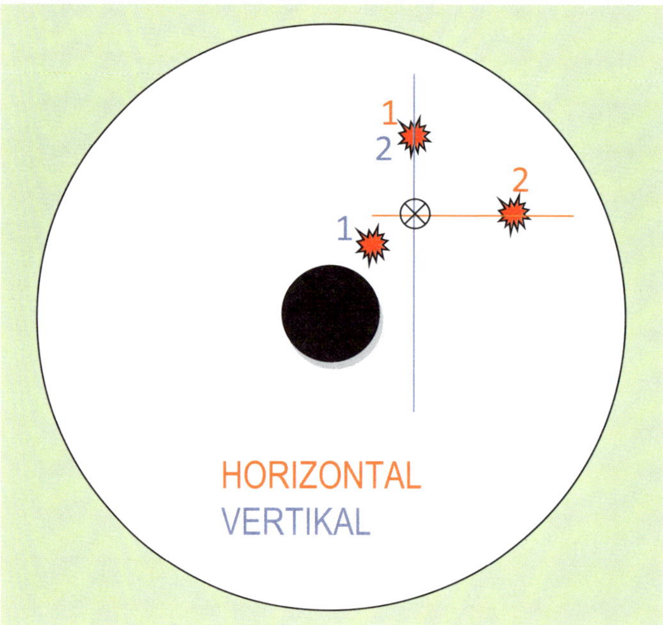

Ermitteln des mittleren Treffpunkts als Grundlage der Justierung. Dabei wird jeweils von außen nach innen gezählt, um einen verlässlichen Anhaltspunkt zur späteren Justierung zu erhalten.

ursprünglichen Haltepunkt als Ausgangspunkt. Zudem kann die Justierung nur erfolgen, wenn sich das Ziel in derselben Entfernung befindet.

Die Justierung über die gemessenen Abweichungen erfordert keine weiteren Maßnahmen an der Waffe. Dabei wird die horizontale und vertikale Abweichung des mittleren Treffpunkts vom Haltepunkt gemessen und anschließend in die Maßeinheit zur Verstellung des Zielfernrohrs umgerechnet, in der Regel MOA oder mil.

Im Anschluss wird die notwendige Klickverstellung für die Abweichung eingestellt. Sofern die Klickverstellung korrekt arbeitet und der jeweils angegebenen Einteilung entspricht, sollte der Kontrollschuss im Ziel liegen.

Beispiel:
Justierung auf 100 m, Zielfernrohr ¼ MOA / Klick (1 MOA entspricht 2,78 cm Abweichung auf 100 m)
Horizontale Abweichung: 3,48 cm
Vertikale Abweichung: 5,56 cm

Horizontale Verstellung:
3,48 cm / 2,78 cm = 1,251 ~ 1,25 MOA = 5 Klick

Vertikale Verstellung:
5,56 cm/ 2,78 cm = 2 MOA = 8 Klick

➡ Justierung auf 100 m: 5 Klick Seitenverstellung, 8 Klick Höhenverstellung

Nach der Justierung sollten die Verstelltürme gelöst und auf Null eingestellt werden. Weiterhin sollte die Klickzahl beziehungsweise volle Umdrehungszahl bis zu einem Endanschlag gezählt und notiert werden, um gegebenenfalls die Nullstellung für die Justierung immer wieder finden zu können. Die Justierung sollte in regelmäßigen Abständen kontrolliert und bei wechselnden klimatischen Bedingungen oder bei Munitionswechsel wiederholt werden.

6.2 BESONDERHEITEN FÜR DEN JAGDLICHEN EINSATZ

Für den jagdlichen Einsatz empfiehlt es sich, die Waffe auf die günstigste Einschießentfernung (GEE) einzuschießen. Die GEE bietet dem Schützen die Möglichkeit, auf eine möglichst große Entfernung wirken zu können und dabei immer im tödlichen Bereich des Wildes (80 mm) zu sein, egal in welcher Entfernung das Wild steht. Das Besondere dabei ist, dass der Schütze weder den Haltepunkt ändern noch die Visierentfernung an die Zielentfernung anpassen muss. Die GEE ist der Punkt, an dem die Geschossflugbahn die Visierlinie zum zweiten Mal schneidet. Dabei darf das Geschoss die Visierlinie im Gipfel nicht mehr als 4 cm überschreiten. Der erste Schnittpunkt (sogenannter erster Fleckschuss oder Nahfleckschuss) liegt dabei in der Regel zwischen 40 und 50 Metern, der zweite Schnittpunkt (sogenannten zweiter Fleckschuss oder auch Fernfleckschuss) je nach Rasanz der Laborierung zwischen 130 und 220 Metern. Die genaue Angabe der GEE kann der Schütze in der Schusstafel ablesen.

Beispiel-Laborierung:
RWS .30 R Blaser Evolution Green 8,8 g (136 gr)

Bei unserer Beispiel-Laborierung liegt die GEE gemäß Schusstafel bei 190 Metern. Die wenigsten Schießanlagen in Deutschland bieten dem Schützen eine Bahn, die länger ist als 100 Meter. Wie kann der Schütze nun seine Waffe auf GEE einschießen? Ganz einfach: In der Schusstafel stehen alle ballistischen Daten für die jeweilige Laborierung. Unter anderem auch die Überhöhung auf 100 Meter. Diese liegt bei der Beispiel-Laborierung genau bei 4 cm. Auf dem Schießstand muss der Schütze daher seine Waffe mit einem 4-cm-Hochschuss auf 100 Meter einschießen, um die GEE bei 190 Metern zu erreichen.

Ein weiterer Blick in die Schusstafel verrät dem Schützen, dass die Laborierung bei 200 Metern eine Treffpunktlage von -1,2 cm und bei 250 Metern eine Treffpunktlage von -10,2 cm besitzt. Das bedeutet, dass die Laborierung bis etwa 210 Meter im tödlichen Bereich (80 mm) des Wildes liegt.

Verpackungseinheit von Munition: Neben den notwendigen Angaben stellen Hersteller darauf auch hilfreiche Basiskenndaten zur Verfügung.

Ballistische Daten — Lauflänge 600 mm

Entfernung	(m)	0	50	100	150	200	250	300
Geschwindigkeit	(m/s)	930	883	837	792	750	708	668
Energie	(J)	3806	3431	3083	2760	2475	2206	1963
⊕ 100 m	(cm)		-0,9	⊕	-2,6	-9,1	-19,9	-35,7
GEE* ⊕ 190 m	(cm)		1,1	4,0	3,3	-1,2	-10,1	-23,9

*Günstigste Einschieß Entfernung

Ballistic Data — Barrel-Length 600 mm (23.6 in)

Distance	(yds.)	0	50	100	150	200	250	300
Velocity	(ft/s)	3050	2907	2769	2635	2506	2379	2257
Energy	(ft.lbs)	2809	2552	2315	2097	1896	1709	1538
⊕ 100 yds.	(inch)		-0.5	⊕	-0.6	-2.6	-5.8	-10.7
MRD* ⊕ 213 yds.	(inch)		0.3	1.5	1.7	0.5	-2.0	-6.0

*Most Recommended Distance

Unsere ballistischen Daten werden aus Prüfläufen ermittelt. Beim Verschießen der Munition aus handelsüblichen Waffen können die Daten abweichen.
RWS®, RWS-Bullet-names or logos are registered trademarks of RUAG Ammotec, a RUAG Group Company

Ballistische Basisdaten von Munition werden vom Hersteller statistisch ermittelt. Sie liefern erste Anhalte für die eigenen Kennwertermittlungen und geben Empfehlungen, zum Beispiel für die GEE.

Optimal zum Einschießen sind die Anschuss-Scheiben der Munitionshersteller, die diese auf ihren Internetseiten zum Download anbieten. Dabei sollte man darauf achten, die Anschuss-Scheiben unskaliert mit 100 Prozent Größe auszudrucken. Zur Kontrolle sollte der Schütze die einzelnen Quadrate auf der ausgedruckten Scheibe nachmessen. Sie müssen eine Seitenlänge von jeweils 1 cm haben.

Übungen:

- Ermittle den mittleren Treffpunkt und die Korrekturwerte für ein ZF mit 1/8 MOA-Verstellung, Justierung 100 m

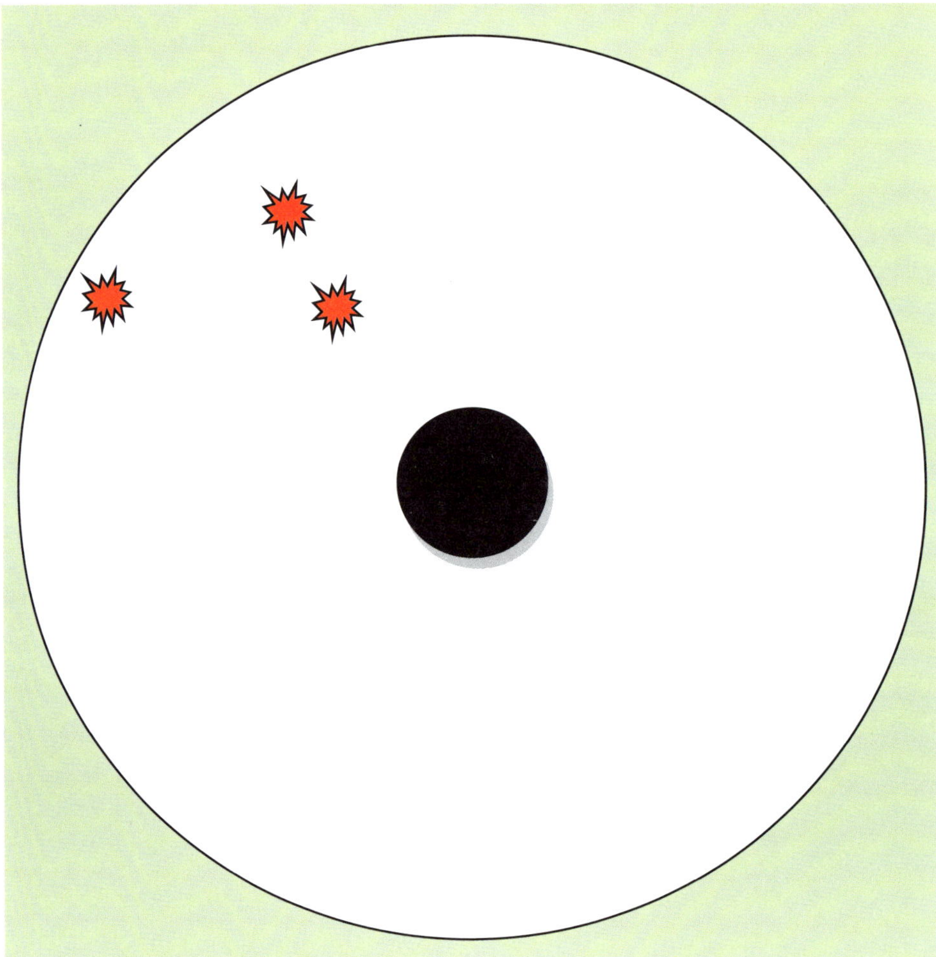

Maßstab 1:1

Seitenkorrektur: ______________________

Höhenkorrektur: ______________________

- Ermittle den mittleren Treffpunkt und die Korrekturwerte für ein ZF mit 1/10 mil-Verstellung, Justierung 200 m

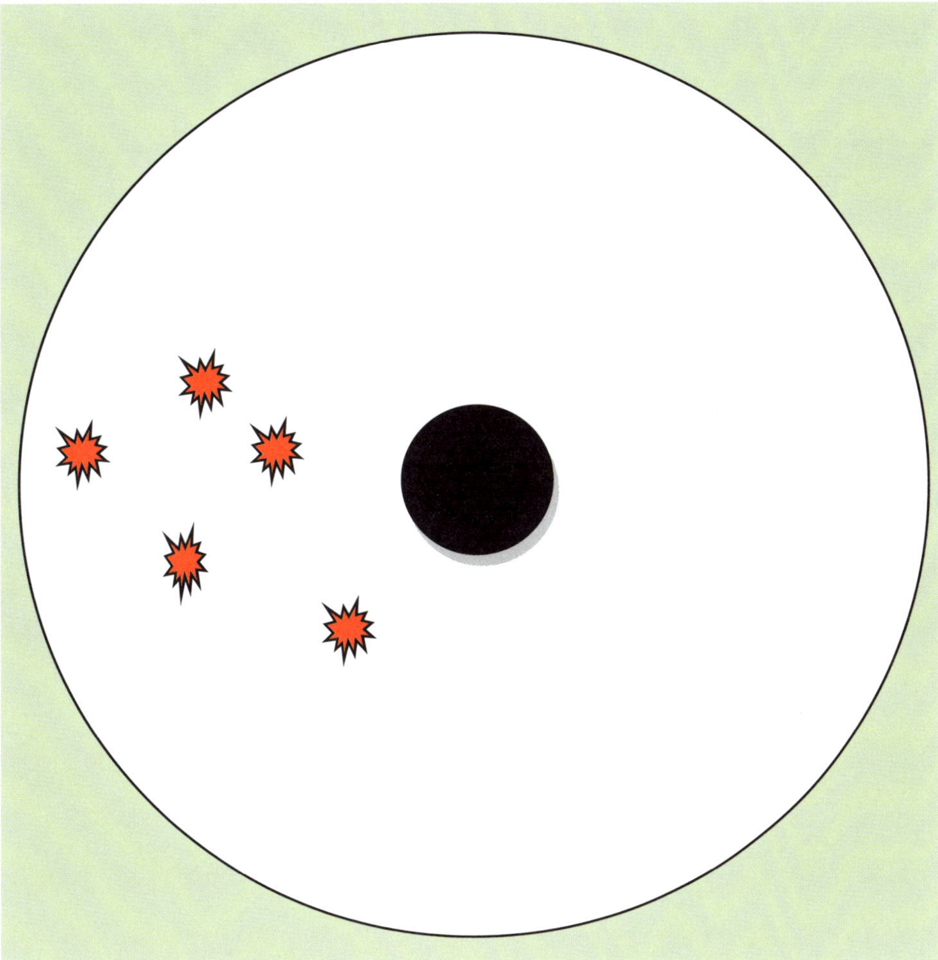

Maßstab 1:1

Seitenkorrektur: ____________________

Höhenkorrektur: ____________________

KAPITEL 7

ÜBERPRÜFUNG DES ZIELFERNROHRS

Auch ein justiertes Zielfernrohr bedarf der Überprüfung der Treffpunktlage sowie der Wiederholgenauigkeit der Einstellung. Je hochwertiger die Qualität des ZF, desto eher kann man davon ausgehen, dass die Wiederholgenauigkeit hoch ist. Doch auch Hersteller im mittleren Preissegment bieten inzwischen oft eine hohe Genauigkeit unter Schussbelastungen.

Bei einem Wechsel der Munition ist die Überprüfung der Justierung selbstverständlich. Die Überprüfung erfolgt idealerweise auf die Justierentfernung. Grundsätzlich erfolgt die Überprüfung der Justierung wie die Justierung selbst. Zunächst wird eine unregelmäßige Zahl an Schüssen mit demselben Haltepunkt abgegeben und der mittlere Treffpunkt ermittelt. Liegt dieser in einem akzeptablen Maß um den Haltepunkt (zum Beispiel ½ MOA), bedarf es keiner Änderung. Sind die Abweichungen größer, besteht Handlungsbedarf. Dabei sollte man sich zunächst folgende Fragen stellen:

- Liegen Schützenfehler vor?
- Wird die gleiche Munition verwendet wie bei der Justierung?
- Wurde die Waffe gereinigt?
- Wurden Änderungen am System durchgeführt?
- Ist die Zielfernrohrmontage fest?
- Haben Umgebungsbedingungen Einfluss auf das Trefferergebnis?

Je nach gefundenem Grund ist der ausschlaggebende Faktor zu bereinigen. Ist jeder der genannten Gründe objektiv auszuschließen, kann der Grund in der Einstellgenauigkeit des Zielfernrohrs oder einem mechanischen Fehler im Glas liegen.

Bei einem mechanischen Fehler (gelöste/verschobene Linsen etc.) muss dieses repariert oder ausgetauscht werden. Die Einstell- und Wiederholgenauigkeit eines Zielfernrohrs lässt sich mit einem einfachen Boxtest überprüfen. Dabei werden insgesamt 6 Schüsse abgegeben. Extrem wichtig ist, dass IMMER mit demselben Haltepunkt geschossen wird.

- 1. Schuss mit Ausgangsjustierung
- 2. Schuss mit Seiten- und Höhenkorrektur um 1 MOA rechts & hoch, danach wieder auf „Null" zurück
- 3. Schuss mit Seiten- und Höhenkorrektur um 1 MOA links & hoch, danach wieder auf „Null" zurück
- 4. Schuss mit Seiten- und Höhenkorrektur um 1 MOA links & tief, danach wieder auf „Null" zurück
- 5. Schuss mit Seiten- und Höhenkorrektur um 1 MOA rechts & tief, danach wieder auf „Null" zurück
- 6. Schuss mit „Nullstellung" abgeben

Bei korrekter 1:1-Wiederholgenauigkeit liegen die Treffer innerhalb eines 2 x 2 MOA großen Quadrats mit zwei Treffern im Mittelpunkt und vier Treffern in den Ecken (+/- geringen Abweichungen durch natürliche Streuung). Sollte das nicht der Fall sein, ist das Zielfernrohr defekt.

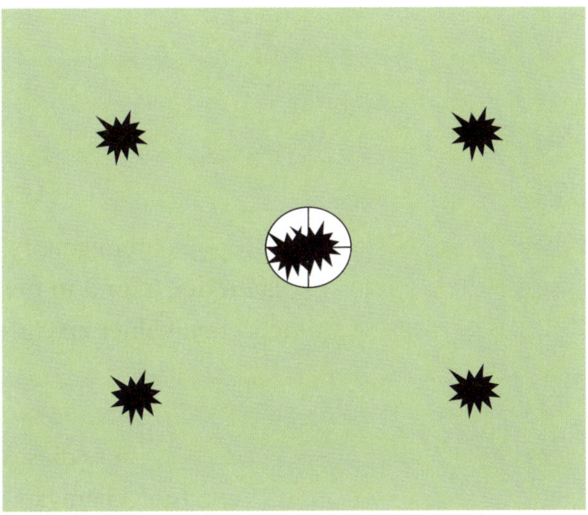

Der Boxtest liefert Hinweise auf die Einstellgenauigkeit des Zielfernrohrs. Dabei ist darauf zu achten, dass immer mit dem selben Haltepunkt Zielmitte geschossen wird.

EINFLUSSFAKTOREN AUF DEN SCHUSS

8.1 DRALLLÄNGE

Die Dralllänge gehört zu den einflussnehmenden Faktoren auf die Geschossballistik. Als Drall bezeichnet man die Drehung des Geschosses um seine eigene Längsachse, die durch das Laufprofil erzeugt wird. Die Dralllänge beschreibt die Strecke, die das Geschoss benötigt, um eine volle Drehung zu absolvieren. Je kürzer die Dralllänge, umso höher ist die Rotationsgeschwindigkeit des Geschosses.

Die Hersteller machen für jeden profilierten Lauf eine Angabe über die Dralllänge. Diese wird in der Regel in 1:Zoll angegeben. Ein Drall von 1:10 bedeutet, dass ein Geschoss, das durch den Lauf getrieben wird, sich auf der Länge von 10 Zoll genau 1 Mal um die eigene Längsachse dreht (360 Grad). Bei einem 1:7-Zoll-Lauf geschieht das auf einer Strecke von 7 Zoll. Abhängig von der Lauflänge ergibt sich somit eine spezifische Anzahl an Umdrehungen, bevor das Geschoss seine Rotation ab der Mündung durch Impulserhaltung, Massenträgheit, Beschleunigung und Rotationsgeschwindigkeit selbst erhalten muss.

Beispiel:
20"-Lauf mit 1:10-Normaldrall
1 Rotation auf 10" ➡ 20" = 2 Rotationen

Es wäre also relativ einfach festzustellen, wie viele Umdrehungen im Lauf erfolgen, wäre da nicht noch die Gesamtdralllänge. Diese gibt an, auf welcher Länge im Lauf das Geschoss tatsächlich durch das Laufprofil geführt wird. Diese Angabe bekommt man in der Regel nur durch Nachfrage beim Hersteller. So kann es zum Beispiel sein, dass bei einem 20-Zoll-Lauf die Gesamtdralllänge nur 18 Zoll beträgt. Daraus ergibt sich für die geführte Rotation ein abweichender Wert, was sich gegebenenfalls auf die Geschosswahl auswirkt.

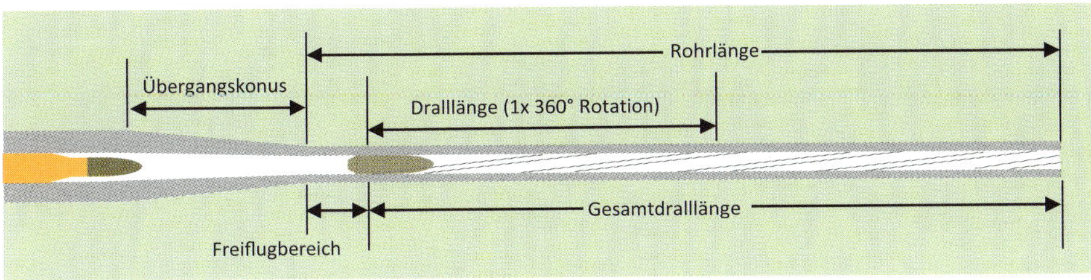

Schematische Darstellung der Teilbereiche vom Patronenlager bis zur Mündung.

Um das passende Geschoss für den Lauf auszuwählen und so die bestmögliche Performance zu erreichen, kann man entweder diverse Testschüsse mit unterschiedlicher Munition machen oder die Auswahl bereits im Vorfeld eingrenzen. Die abschließende praktische Erprobung wird jedoch nie völlig entfallen. Um die Eignung eines Geschosses für den jeweiligen Drall im Vorfeld zu ermitteln, gibt es zwei rechnerische Optionen:

- vereinfachte Greenhill-Formel (nach George Greenhill)
- Miller Twist Rule (nach Don Miller)

Durch diese beiden Methoden lässt sich im Vorfeld die Auswahl des passenden Geschosses / Patrone zu einem vorhandenen Lauf beziehungsweise ein passender Lauf zur bevorzugten Munition ermitteln.

DIE GREENHILL-FORMEL

Die Greenhill-Formel basiert auf empirisch ermittelten Daten, die in die Formel als Konstante einfließen:

$$\frac{150 \times \text{Geschossdurchmesser}^2\ [\text{in}]}{\text{Geschosslänge}\ [\text{in}]} = \text{empf. Dralllänge}\ [\text{in/Rotation}]$$

Hier erhält man in der Regel Werte, die zwischen den üblichen Dralllängen liegen. Abweichungen kann man durch die Geschossladung ausgleichen. In der Greenhill-Formel wird das Geschossgewicht nicht explizit berücksichtigt, fließt aber durch die Einbeziehung der Geschosslänge automatisch mit ein. Die empirische ermittelte Konstante von 150 ist grundsätzlich gültig.

Beispiel A:
Geschosskaliber: .308
Nosler Custom Competition 168 gr, Länge 1,208"

$$\frac{150 \times 0{,}308^2}{1{,}208} = 11{,}78 \text{ [in/Rotation]}$$

➡ Für das Nosler-Geschoss ist ein 1:12-Drall zur Stabilisation empfehlenswert. Die Ladung der Patrone sollte dabei verstärkt werden.

Beispiel B:
Geschosskaliber: .308
Sierra Match King 190 gr HPBT, Länge 1,345"

$$\frac{150 \times 0{,}308^2}{1{,}345} = 10{,}57 \text{ [in/Rotation]}$$

➡ Das Sierra-Geschoss wird auch bei einem 1:10-Drall schon stabilisiert.

Stellt man die Formel um, erhält man einen zuverlässigen Wert, um ein passendes Geschoss anhand der Geschosslänge auszuwählen:

$$\frac{150 \times \text{Geschossdurchmesser}^2 \text{ [in]}}{\text{Dralllänge [in]}} = \text{Geschosslänge [in]}$$

Wenn wir die Werte aus unserem Beispiel einsetzen, erhalten wir:

$$\frac{150 \times 0{,}308^2}{10''} = 1{,}423''$$

➡ Für einen 1:10-Drall empfehlen sich Geschosse mit einer Geschosslänge um 1,423", unabhängig vom Geschossgewicht. Um einen Hinweis auf die Ladungsstärke zu erhalten, wählt man ein passendes Geschoss und rechnet die ursprüngliche Formel mit den Geschossdaten durch.

DIE MILLER-TWIST-RULE

Die Miller-Twist-Rule ist moderner und genauer. Sie nutzt die gleichen Daten, jedoch eine andere empirische Konstante. Die Grundformel lautet:

$$t^2 = \frac{30 \times m}{s \times d^3 \times l \times (1+l^2)}$$

t = Drall
m = Geschossgewicht [grain]
s = gyroskopischer Stabilitätsfaktor
d = Geschossdurchmesser [in]
l = Geschosslänge in Kaliberlängen (Geschosslänge [in] / Kaliber [in])

Der gyroskopische Stabilitätsfaktor (s) stellt eine dimensionslose Größe dar, die als Auswahlkriterium für Geschosse dienen kann, wenn man die Formel entsprechend umstellt. Ein Wert von 2 ist dabei anzustreben. Viele Ballistikrechenprogramme errechnen diesen Wert automatisch.

Beispiel:
Geschosskaliber: .308 Win
Sierra Match King HPBT 190 g

Setzt man die Werte in die Formel ein, bekommt man dieses Ergebnis:
T = 10,28

➡ Das Geschoss wird mit einem 1:10-Drall optimal stabilisiert. Die Abweichung zwischen Greenhill und Miller beträgt nur rund 0,3", ist somit also vernachlässigbar.

8.2 LUFTDICHTE UND LUFTTEMPERATUR

Luftdichte und Lufttemperatur beeinflussen sich gegenseitig und wirken sich bei Veränderungen auf die Geschossflugbahn aus. Je höher die Luftdichte, desto stärker die Bremswirkung der Luftmoleküle auf das Geschoss. Die Luftdichte ist abhängig von der Lufttemperatur und der Zusammensetzung der Luft. Grundsätzlich gilt, dass die Luftdichte mit zunehmender Höhe abnimmt. Das hängt mit der Zusammensetzung der Luft in größeren Höhen zusammen. Während auf Meeresniveau die Luft aus Stickstoff (78,08 Vol%) und Sauerstoff (20,95 Vol%) sowie einigen anderen Gasen in geringer Konzentration besteht, nimmt insbesondere die Sauerstoffsättigung mit zunehmender Höhe stetig ab. Da Sauerstoff als reaktionsfreudiges Gas mit diversen Stoffen in der Luft reagiert, ist die resultierende Luftdichte insbesondere vom Sauerstoffgehalt der Luft abhängig.

Die Luftdichte ist aber auch abhängig von der Lufttemperatur und damit verbunden auch mit der relativen Luftfeuchte. Je kälter die Luft, umso weniger Feuchtigkeit kann in den Molekülen der Luft gebunden werden.

Je weniger Feuchtigkeit gebunden werden kann, umso eher ist eine Sättigung (100%) erreicht, und es kommt zu einem Feuchtigkeitsausfall (Nebel). Im Laufe dieses Sättigungsprozesses nimmt die Luftdichte stark zu.

Ein weiterer Faktor ist die Fähigkeit zur Bewegung der Luftmoleküle in bestehenden Molekülgittern. Je kälter die Temperatur, umso geringer die Eigenbewegung der Moleküle. Je höher die Eigenbewegung der Luftmoleküle, um so flexibler ist das Molekülgitter und um so geringer der Widerstand, der einem die Luft durchdringenden Objekt entgegengesetzt werden kann. Das bedeutet, dass energiereiche (warme) Luft grundsätzlich weniger Widerstand bietet als energiearme (kalte) Luft. Natürlich spielt auch die relative Luftfeuchtigkeit eine Rolle, die sich entsprechend der Lufttemperatur erhöht oder verringert. Kalte Luft kann weniger Feuchtigkeit aufnehmen als warme Luft. Aufgrund dieser Tatsache spielt der Unterschied zwischen relativer und absoluter Luft-

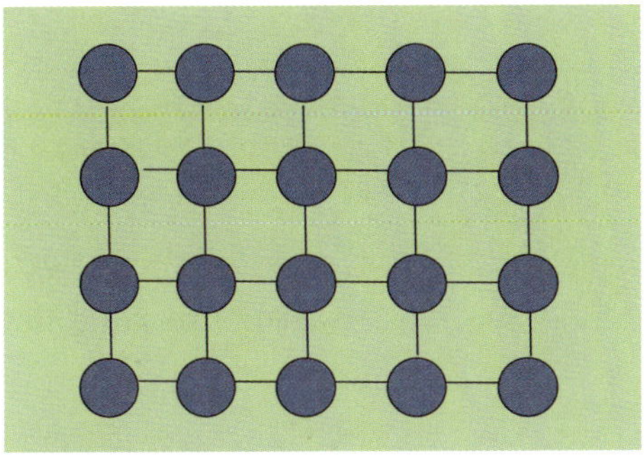

Vereinfachte Darstellung von Luftmolekülen im Gitter in kalter Luft.

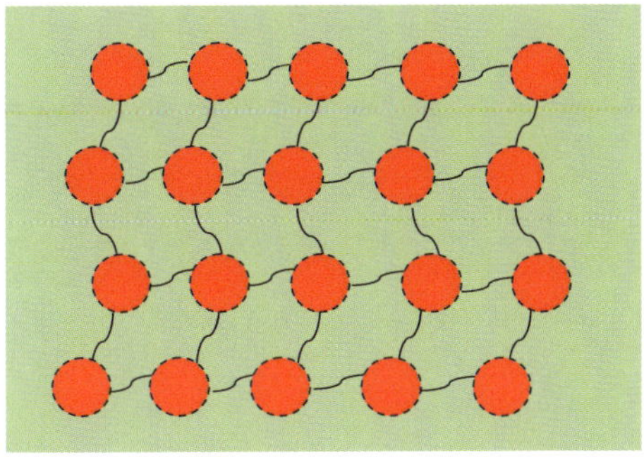

Vereinfachte Darstellung von Luftmolekülen im gelösten Verbund auf Grund höherer Energie in warmer Luft.

feuchtigkeit eine wichtige Rolle. Die gleiche Menge an Feuchtigkeit ergibt in kalter Luft eine deutlich höhere relative Luftfeuchte in Prozent, als in warmer. Die absolute Luftfeuchtigkeit [g/m^3] bleibt jedoch unverändert.

Das Geschoss ist physikalisch ein Körper, dem durch die Pulververbrennung eine kinetische Energie (Bewegungsenergie) erteilt wird. Im Laufe des Flugs verliert das Geschoss an kinetischer Energie: durch Reibung der Luftmoleküle an der Geschossoberfläche, durch Kompression der Luft vor dem Geschoss im Überschallflug sowie durch die Luftmolekülkompression.

Bei Überschallgeschossen wird ein Knall wahrgenommen, wenn die Umströmungsgeschwindigkeit des Geschosses die Schallgeschwindigkeit des umgebenden Mediums (Luft) überschreitet. Auch die Schallgeschwindigkeit ist abhängig von Luftdichte und -temperatur. Je dichter ein Medium ist, um so schwieriger können Schallwellen sich fortbewegen. Das ist immer dann von Bedeutung, wenn es um den Schwellenwert des transsonischen Übergangs eines Geschosses (Übergang vom Überschall- in den Unterschallflug) geht. Dabei ergeben sich je nach Luftdichte und -temperatur für ein Geschoss unterschiedliche Entfernungen für den transsonischen Übergang. In diesem Bereich findet eine massive Destabilisierung des Geschossflugs statt.

BALLISTIK

Unter Ballistik versteht man die Lehre der Bewegung und des Verhaltens von Geschossen – also warum beschleunigte Gegenstände unter Einfluss bestimmter Verhältnisse so reagieren, wie sie es tun und wie sich ihre Reaktion unter der Einwirkdauer von Einflüssen verändert. Im Fall von Schusswaffen geht es um das Verhalten des Geschosses von der Schussauslösung (Beginn der Bewegung) bis zum Auftreffen auf ein Medium, das die Bewegung beendet.

Dabei wird die Ballistik wie folgt unterteilt:

- Innenballistik
- Mündungsballistik
- Außen-/Flugballistik
- Zielballistik/Wundballistik

9.1 INNENBALLISTIK

Unter der Innenballistik versteht man das Verhalten des Geschosses innerhalb der Schusswaffe. Dabei betrachtet man das Verhalten von der Schussauslösung (Aufschlagen des Schlagbolzens auf das Zündhütchen des Geschosses) über

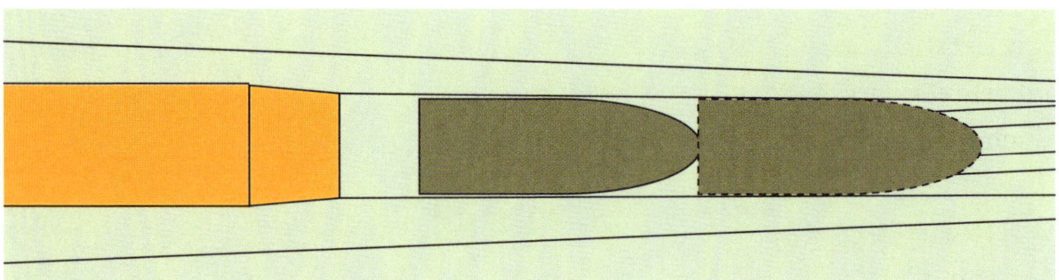

Schematische Darstellung der Geschossbewegung aus der Hülse über den Übergangskonus in den profilierten Lauf. Erst durch das Laufprofil wird ein Drall erzeugt.

den Druckaufbau in der Patronenhülse und das Heraustreiben des Geschosses aus der Hülse (Bewegungsbeginn), den Freiflug des Geschosses, die Vorbereitung des Geschosses auf den Eintritt in den Lauf im Übergangskonus bis zum Eintreten in den Lauf, sowie den Weg des Geschosses durch den Lauf bis zur Mündung.

9.2 MÜNDUNGSBALLISTIK

Als Mündungsballistik bezeichnet man das Verhalten des Geschosses unmittelbar nach Austritt aus der Mündung, unter Einfluss der ausströmenden Pulvergase und der Einwirkung der Außenfaktoren. Hier entstehen folgende Nebenwirkungen des Schusses:

MÜNDUNGSFEUER

Mit Mündungsfeuer bezeichnet man die Flamme, die nach Schussabgabe an der Mündung der Waffe zu sehen ist. Je nach Einsatzzweck der Waffe (zum Beispiel Scharfschützeneinsatz, Jagd bei Dunkelheit etc.) ist das ein ungewollter Nebeneffekt, den man durch Gegenmaßnahmen (zum Beispiel Einsatz von Mündungsfeuer- oder Schalldämpfern) zu beseitigen versucht.

Man unterscheidet zwischen dem „Feuer aus der Mündung“ und dem eigentlichen „Mündungsfeuer“. Das Feuer aus der Mündung entsteht unmittelbar nach der Mündung durch noch brennende Teile des Treibladungspulvers. Das Mündungsfeuer entsteht ein wenig entfernt von der Mündung durch die Reaktion der teilweise oxidierten Pulvergase mit dem Luftsauerstoff. Das Mündungsfeuer wird nach Abglimmen des Feuers aus der Mündung als sekundäre Erscheinung sichtbar.

MÜNDUNGSKNALL

Der Mündungsknall ist eines von zwei Lärmereignissen, die bei der Schussabgabe entstehen. Der Mündungsknall ist ein eher tieffrequentierter Knall. Er entsteht einmalig durch das Aufeinandertreffen der Treibladungsgase, die hinter dem Geschoss stoßartig an der Laufmündung austreten, mit der Umgebungsluft.

GESCHOSSKNALL

Der Geschossknall ist das zweite der beiden Lärmereignisse, die bei der Schussabgabe entstehen. Der Geschossknall ist ein eher hochfrequenter, peitschenartiger Knall (Überschallknall), der kontinuierlich (auf der gesamten Flugbahn) durch Luftverdichtung vor dem Geschoss erzeugt wird, die durch die starke Beschleunigung des Geschosses entsteht. Bedingung dafür ist, dass sich das Geschoss im Überschallbereich (> 333 m/s) bewegt.

RÜCKSTOSS

Der Rückstoß ist die spürbare ruckartige Gegenreaktion, die auftritt, wenn ein Geschoss beschleunigt wird. Die Richtung des Rückstoßes ist immer geradlinig, entgegengesetzt zur Richtung der Beschleunigung. Dieses Wissen ist wichtig für eine vernünftige Rückstoßverarbeitung beim Schießen mit Schusswaffen. Beim Rückstoß wird zwischen dem Rückstoßimpuls, der Rückstoßgeschwindigkeit, der Rückstoßenergie und der Rückstoßkraft unterschieden. Jedes dieser Elemente kann einzeln berechnet werden (zum Beispiel mit dem Impulserhaltungssatz).

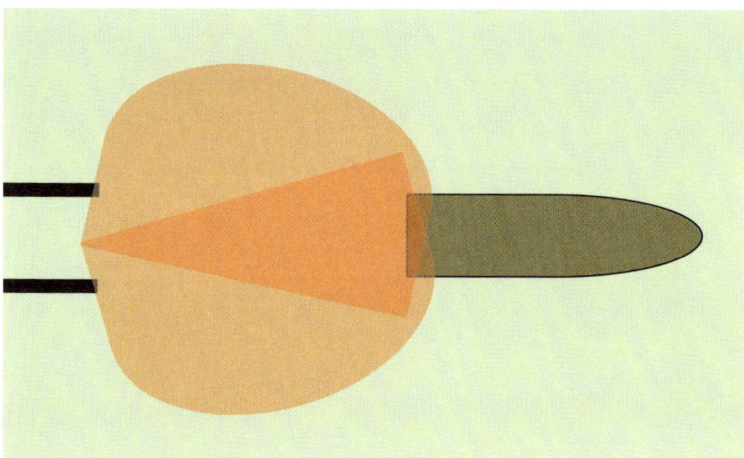

Vereinfachte schematische Darstellung der Druckentwicklung hinter dem austretenden Geschoss durch nachfolgende Gase.

9.3 AUSSENBALLISTIK

Als Außenballistik bezeichnet man den Weg des Geschosses im freien Flug unter Einfluss aller Außen- und Witterungsfaktoren. Vor allem diese Faktoren sind es, die für den Schützen von besonderem Interesse sind, haben sie doch wesentlichen Einfluss auf das Geschoss, sind ständigen Änderungen unterworfen und lassen sich durch den Schützen nicht beeinflussen. Man kann nur versuchen, dem Wirkungsumfang dieser Faktoren durch Laborierung, Geschossform, Geschossgewicht und andere Faktoren entgegen zu wirken, ohne sie jedoch ausschließen zu können. Die wichtigsten Faktoren sind:

- Abgangsrichtung beziehungsweise Abgangswinkel (α)
- Anfangsgeschwindigkeit (V_0)
- Drall
- Erdanziehung (g)
- Wind
- Luftwiderstand
- Luftdichte und -temperatur

Diese Aufzählung ist nicht abschließend, deckt aber alles Wesentliche ab. Nachdem das Geschoss die Mündung verlässt, beschreibt es aufgrund der Einflussfaktoren eine sogenannte ballistische Flugbahn. Um ein Ziel zu treffen, muss ein Geschoss in einem entsprechenden Winkel (α) zur Horizontalen beschleunigt werden, damit die Flugbahn am gewünschten Punkt die Visierline kreuzt. Durch Justierung des Zielfernrohrs auf eine bestimmte Entfernung wird der Winkel des Zielfernrohrs zum Lauf so eingestellt, dass sich ein Schnittpunkt der Visierlinie mit der Geschossflugbahn an der gewählten Justierentfernung ergibt.

Die einwirkenden Faktoren verändern die ideale Flugbahn umso stärker, je länger das Geschoss ihnen ausgesetzt ist. Aufgrund dieser Tatsache stellt die ballistische Kurve kein Bogensegment mit gleichem Radius dar, sondern eine Parabel. Erdanziehungskraft und Luftwiderstand sind hier die Größen, die die Bahn des Geschosses entscheidend bestimmen. Die Erdanziehung stellt dabei

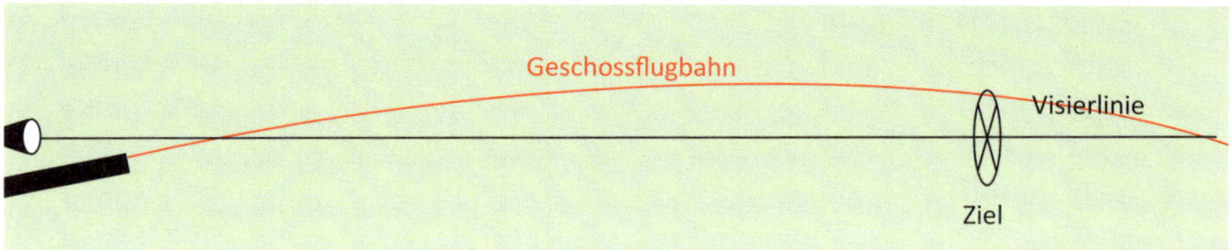

Geschossflugbahn mit Visierlinie und Durchgangsebene im Ziel.

eine konstante Größe von 9,81 m/s² dar. Ein Geschoss im freien Flug wird also jede Sekunde um 9,81 m/s vertikal beschleunigt. Theoretisch so lange, bis die Geschwindigkeit und die entgegengesetzte Reibungskraft durch die Luft sich gegenseitig aufheben. Dann geht das Geschoss in den freien Fall über. In der Regel wird die Geschossbewegung jedoch schon weit vorher durch andere Faktoren (zum Beispiel das Auftreffen im Ziel) beendet.

Die zweite Einflussgröße ist der Luftwiderstand, der durch Luftdichte und klimatische Faktoren beeinflusst wird. So ist kalte Luft dichter als warme und bremst ein Geschoss somit stärker ab. Auch der barometrische Druck (Meereshöhe) hat Einfluss auf die Luftdichte und auf den Luftwiderstand. Um mit der Zeit verlässliche Daten zur Munitionsleistung zu erhalten, sollten daher barometrische und klimatische Information zum Schuss notiert werden, um später darauf zurückgreifen zu können.

Da kalte oder feuchte Luft dichter ist als warme oder trockene Luft, wird ein Geschoss entsprechend stärker „abgebremst" und fällt dadurch stärker ab, da es mit abnehmender Geschwindigkeit der Erdanziehung länger ausgesetzt ist. Die logische Konsequenz ist eine Verlagerung des Treffers nach unten. Genau entgegengesetzt verhält es sich bei warmer oder trockener Luft und geringerer Luftdichte: Das Geschoss behält länger mehr Geschwindigkeit und ist daher bis zum Ziel kürzer in der Luft, also der Erdanziehung kürzer ausgesetzt. Daraus ergibt sich eine höhere Trefferlage. Eine Faustregel besagt: Eine Änderung der Luftfeuchtigkeit um 20% ändert den Treffpunkt um 1 MOA.

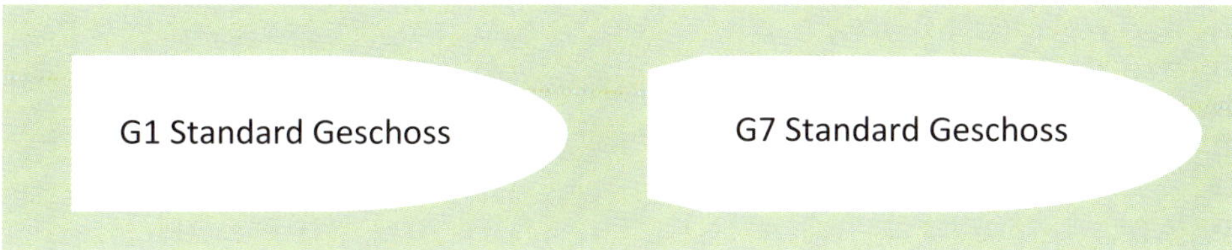

Das G7-Geschossmodell entspricht eher modernen Geschossformen und hat das G1-Modell abgelöst. Vielfach findet man jedoch noch Angaben zum ballistischen Koeffizienten nach beiden Modellen.

Entscheidenden Einfluss auf Art und Umfang der Auswirkung haben die Geschossform und das Geschossgewicht. Die Einflussintensität beziehungsweise der „Widerstand" gegen diese Einflüsse ist messbar und wird für ein Geschoss mit dem sogenannten BC (ballistic coefficient) dargestellt. Diese rechnerische Größe gibt ein Verhältnis von spezifischen Geschosswerten zu ballistischen Widerstandswerten wieder und kann somit theoretisch nicht größer als 1 werden, wobei in diesem Fall das ideale Geschoss erfunden wäre, das sämtliche ballistischen Einflussfaktoren ausgleicht.

Es gibt zwei verschiedene Berechnungsmodelle, um den BC-Wert zu ermitteln: das G1-Modell und das G7-Modell. Das ältere G1-Modell basiert auf einem Standard-Geschoss mit flachem Heck. Moderne Geschossformen verfügen jedoch über aerodynamischere Heckformen, wodurch das G1-Modell nicht mehr ganz zutreffend ist. Im G7-Modell wird daher eine Geschossform mit sogenannten Boat-Tail-Heck (BT) zugrunde gelegt.

Sucht man nach einer geeigneten Patrone für seine Ansprüche, findet man einen guten Anhaltspunkt im angegebenen BC. Man sollte jedoch darauf achten, auf welcher Basis dieser BC ermittelt wurde und sich stets auf eigene Tests verlassen, denn die Hersteller schönen manche Werte. Folgende Werte gelten allgemein als geeignet für das präzise Schießen auch auf größere Distanzen:

G1-Modell: 0,5-0,6
G7-Modell: 0,2-0,3

Diese Werte werden in der Regel ermittelt für den Überschallflug des Geschosses (> 330 m/s). Verlässt das Geschoss den Überschallbereich, ändert sich der BC beim sogenannten transsonischen Übergang drastisch. Darauf wird an anderer Stelle noch genauer eingegangen.

Redet man von Präzision, geht es auch immer um die Geschossstabilität im Flug. Die Rotation, die einem Geschoss durch den Drall eines profilierten Laufs mitgegeben wird, sorgt durch den sogenannten Magnuseffekt für die Stabilisierung des Geschosses auf der Flugbahn. Das geschieht, indem die Luft auf der Seite, in der der Drall dreht, verdichtet wird. Nimmt die Rotationsgeschwindigkeit mit zunehmender Schussentfernung ab, wird dieses „Luftpolster“ immer kleiner, und die resultierende Kraft aus dem Drehmoment des Dralls führt zu einer Seitwärtsbewegung des Geschosses in Drallrichtung – die Drallabweichung. Durch die Dokumentation der Schüsse im Schussbuch/D.O.P.E (data on previous engagement) auf diverse Entfernungen und unter unterschiedlichen Bedingungen kann man ein Geschossprofil ermitteln, das es ermöglicht, diese Drallabweichung im Vorfeld einzuschätzen und bei Distanzschüssen zu kompensieren.

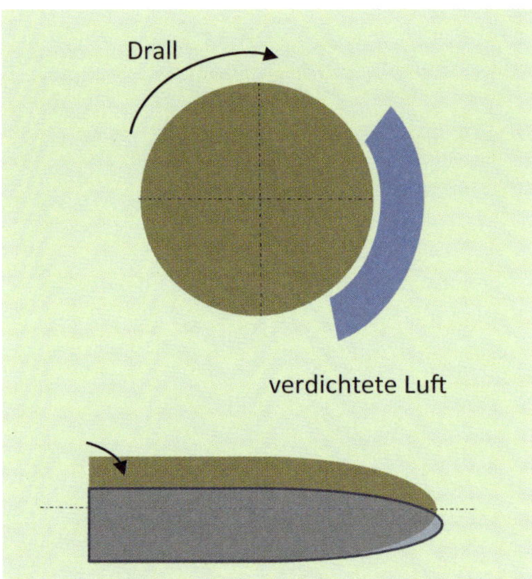

Der Magnuseffekt: Durch den Drall erfolgt eine Luftverdichtung in Drallrichtung an der Geschossoberfläche. Dadurch wird das Geschoss stabilisiert. Mit abnehmender Geschwindigkeit nimmt der Effekt ab, und es kommt zur sogenannten Drallabweichung.

Es wäre jedoch ein Trugschluss, anzunehmen, dass ein Geschoss nach Verlassen der Mündung am stabilsten ist. Durch den Wegfall der Führung im Lauf, Luftverwirbelungen und impulsartige Druckveränderungen durch nachfolgend austretende Pulvergase befindet sich das Geschoss nach Verlassen der Mündung zunächst in einer der instabilsten Phasen des gesamten Flugs. Je nach Geschwindigkeit, Geschossgewicht, Geschossform und aerodynamischer Beschaffenheit taumelt das Geschoss zunächst etwa 80 bis 200 Meter und stabilisiert sich erst nach dieser Strecke.

So kann es vorkommen, dass Schussgruppen auf 100 Meter deutlich größer ausfallen als auf 200 oder 300 Meter. Dieser Tatsache ist es auch zu verdanken, dass Schalldämpfer unter anderem eine positive Wirkung auf das Schussbild haben, da hier die Verwirbelungen und austretenden Gase verringert werden.

Für den Schützen weitaus relevanter ist jedoch eine andere horizontal wirkende Einflussgröße – der Wind. Grundlegend gilt zunächst, dass schwere Geschosse weniger windanfällig sind als leichte, und langsame Geschosse mehr als schnelle. Ab etwa 960 m/s wirkt sich höhere Geschwindigkeit jedoch ebenfalls negativ auf die Windstabilität aus.

Wie bei allen anderen Einflussfaktoren spielt die Einwirkdauer eine wesentliche Rolle für die Intensität der Auswirkung. Da Wind eine unbeständige und nicht beeinflussbare Größe ist, muss man sich zwangläufig damit arrangieren, den Wind als Faktor kompensieren zu müssen. Spielt der Wind – je nach Stärke – auf den kürzeren Distanzen noch eine geringere Rolle, so wird er umso wichtiger, je größer die Schussdistanzen werden.

Dabei gibt es unterschiedliche Ansichten, ob nun eher der Wind an der Schützen- oder der Wind an der Zielposition relevant ist. Die Antwort ist: Relevant ist jeder Wind, sowohl an der Schützenposition, als auch am Ziel und auch dazwischen. Wichtig ist die Dauer des Einflusses und wie sich der Wind auf das Geschoss auswirkt.

Wie erläutert nimmt die Geschwindigkeit des Geschosses mit zunehmender Entfernung und Flugzeit ab. Dadurch bekommen die vorhandenen Kräfte mehr Zeit, um Einfluss auf das Geschoss zu nehmen. Im Beispiel unten wirken auf den ersten 200 Metern und den letzten 200 Metern jeweils Winde mit der gleichen Intensität. Auf den mittleren 200 Metern wirkt dagegen ein Wind mit geringerer Intensität.

Angenommen, das Geschoss fliegt die ersten 200 Meter in 0,3 Sekunden, so wirkt der Wind für diese Zeit auf das Geschoss ein und drückt es von links nach

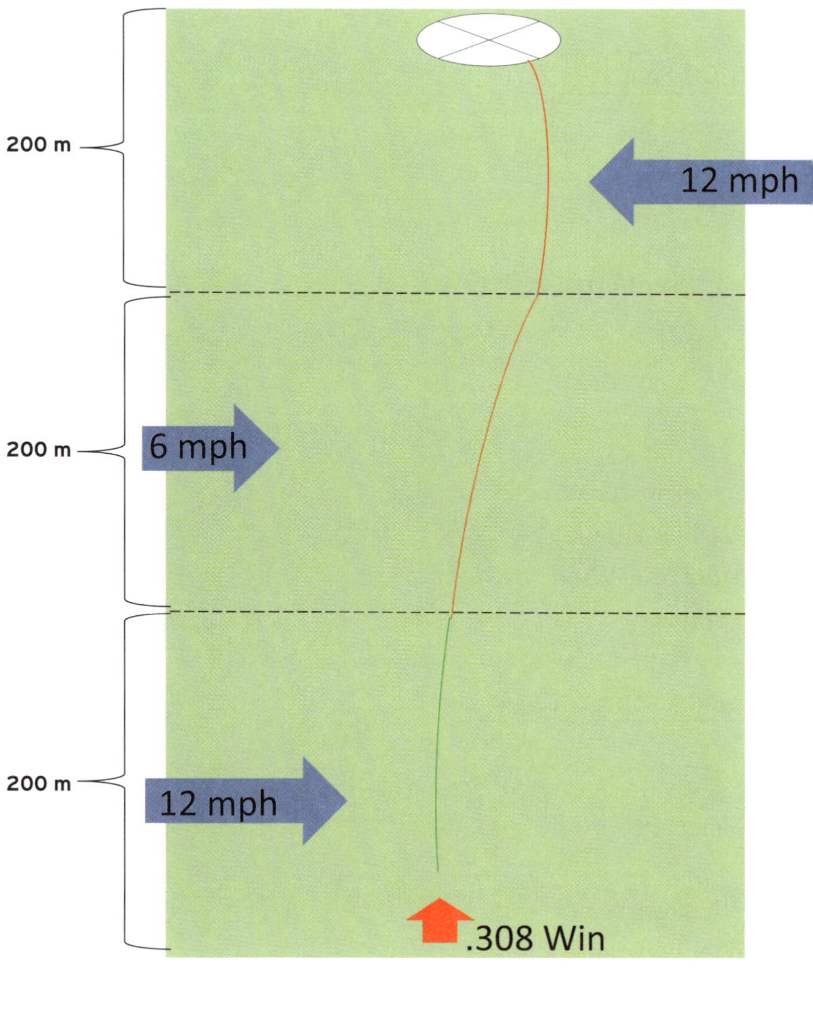

Beispiel: Vereinfachte Darstellung der Windeinwirkung auf die Geschossflugbahn.

rechts. Die zweiten 200 Meter werden vom Geschoss in 0,6 Sekunden überwunden. Der hier wirkende Wind ist nur etwa halb so stark wie der vorherige, wirkt aber doppelt so lange auf das langsamer werdende Geschoss ein. Somit ist die Auswirkung in etwa genauso stark wie auf den ersten 200 Metern. Auf den letzten 200 Metern wirkt ein Wind aus der Gegenrichtung mit gleicher Kraft wie zu Schussbeginn. Das Geschoss benötigt aber nun schon 0,9 Sekunden, um diese Strecke zu überwinden, da es viel Geschwindigkeit verloren hat. Somit ist die Auswirkung dreimal stärker als zu Schussbeginn.

Die allgemein geltende Windformel zur Kompensation lautet:

$$\frac{\text{1/100 Schussentfernung x Windgeschwindigkeit [mph]}}{\text{Windkonstante}} = \text{Korrektur [MOA]}$$

Dabei gelten folgende Windkonstanten:

Schussentfernung:	< 600 m:	14
	700-800 m:	13
	800-900 m:	12
	> 1000 m:	11

Fehler in der Windschätzung wirken sich dabei sehr stark aus, stärker als zum Beispiel eine falsche Konstante. Die vereinfachte Windformel berücksichtigt daher die Windeinwirkung sowie die Einwirkungszeit auf größere Schussdistanzen. Die Grundformel lautet:

$$\frac{\text{Windgeschwindigkeit [mph] x Entfernungskonstante [mil]}}{\text{Windkonstante [mph]}} = \text{Korrektur [mil]}$$

Dabei gilt:

Windkonstante bis .308 Win: 4 mph (6,5 km/h)
Windkonstante ab .300 WM: 5 mph (8 km/h)

Die Entfernungskonstante ist einer Tabelle zu entnehmen:

Entfernung [m]	Konstante [mil]
<100	0
100	0,1
200	0,2
300	0,3
400	0,4
500	0,5

Entfernung [m]	Konstante [mil]
600	0,7
700	0,8
800	0,9
900	1,0
1000	1,1

Zusätzlich ist für Entfernungen über 600 Meter eine Entfernungszugabe von 0,1 mil anzurechnen.

Daraus ergibt sich folgende Formel:

$$\frac{\text{Windgeschwindigkeit [mph] x (Entfernungskonstante [mil] + Entfernungszugabe [mil])}}{\text{Windkonstante [mph]}} = \text{Korrektur [mil]}$$

Durch die Windkonstante werden kleinere Fehler in der Windschätzung bereits relativiert. Zudem berücksichtigen die Entfernungskonstanten ab 600 Meter bereits die längere Einflussdauer des Winds auf das Geschoss. Unter 600 Meter kann dieser Einfluss bei Überschallgeschossen vernachlässigt werden.

Allen Windformeln gemein ist die Berücksichtigung der Windrichtung. Diese Richtung wird mit einem entsprechenden Faktor als Multiplikator der Windstärke eingerechnet. Die allgemein gültige Windformel unterscheidet hier zwischen vollem und halbem Wind. Die vereinfachte Windformel unterteilt hier etwas feiner.

Somit ergibt sich die vollständige, vereinfachte Windformel:

$$\frac{\text{Richtungsfaktor x Windgeschwindigkeit [mph] x (Entfernungskonstante [mil] + Entfernungszugabe [mil])}}{\text{Windkonstante [mph]}} = \text{Korrektur [mil]}$$

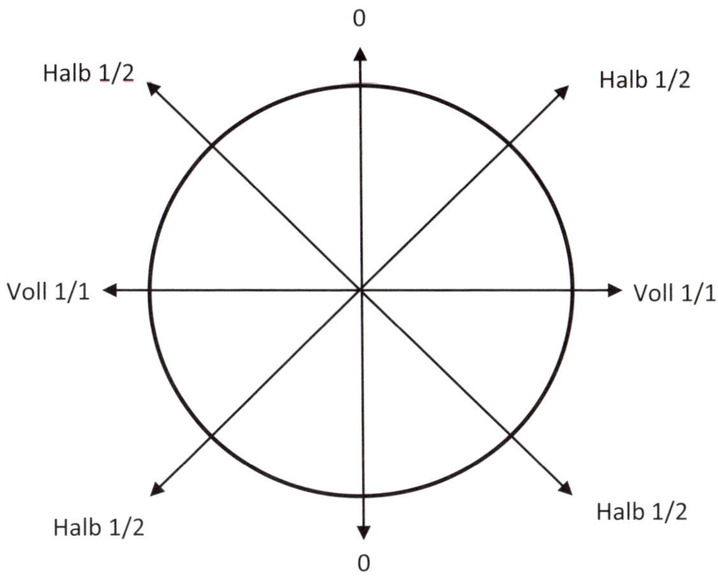

Einteilung der Faktoren für die Windeinwirkung nach der Standard-Windformel.

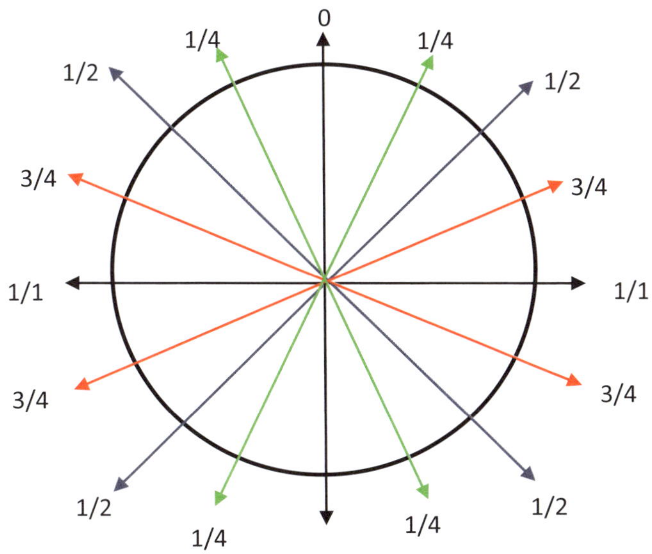

Einteilung der Faktoren für die Windeinwirkung nach der vereinfachten Windformel.

Würde nun in unserem zuvor geschilderten Beispiel (200 m + 200 m + 200 m) ausschließlich der Wind am Ziel zur Kompensation herangezogen, wäre eine Seitenkorrektur gemäß vereinfachter Windformel um 2,1 mil ausreichend:

Wind (-)12 mph voll, Entfernung 600 m, Windkonstante (.308) 4 mph

$$\frac{\text{Richtungsfaktor x Wind [mph] x (Entfernungskonstante [mil] + Entfernungszugabe ab 600 m)}}{\text{Windkonstante [mph]}} = \text{Korrektur [mil]}$$

Wenn wir die obigen Werte einsetzen, ergibt sich:

$$\frac{1/1 \text{ x } (-12 \text{ mph}) \text{ x } (0{,}6 \text{ mil} + 0{,}1 \text{ mil})}{4 \text{ mph}} = (-)2{,}1 \text{ mil}$$

Würde nur der Wind an der Schussposition berücksichtigt, ergäbe die Korrektur den gleichen Wert, jedoch in die entgegengesetzte Richtung. In beiden Fällen wird der Einfluss des mittleren Winds außer Acht gelassen. Betrachtet man alle Winde, sieht die Gleichung folgendermaßen aus:

0-200 m: $$\frac{1/1 \text{ x } (-)12 \text{ mph x } (0{,}6 \text{ mil} + 0{,}1 \text{ mil})}{4 \text{ mph}} = (-)2{,}1 \text{ mil}$$

200-400 m: $$\frac{1/1 \text{ x } (-)6 \text{ mph x } (0{,}6 \text{ mil} + 0{,}1 \text{ mil})}{4 \text{ mph}} = (-)1{,}05 \text{ mil}$$

400-600 m: $$\frac{1/1 \text{ x } 12 \text{ mph x } (0{,}6 \text{ mil} + 0{,}1 \text{ mil})}{4 \text{ mph}} = 2{,}1 \text{ mil}$$

Gesamt: 2,1 mil + 1,05 mil - 2,1 mil = 1,05 mil

Die Windkorrektur wäre also 1,05 mil oder 3,675 MOA nach links. Wenn man nur einen Wind betrachtet, würde bereits eine Ablage von 1,15 mil beziehungsweise 4,025 MOA erzeugt. Auf 600 Metern wäre das eine seitliche Ablage von:

1 MOA auf 600 m = 16,68 cm
16,68 cm x 4,025 = 67,14 cm

SCHIESSEN VOM ÜBERSCHALL IN DEN UNTERSCHALLBEREICH

Je nach Munition kommt es bei langen Distanzschüssen dazu, dass das Geschoss so viel Geschwindigkeit verliert, dass es aus dem Überschallbereich in den Unterschallbereich kommt. Der Übergang wird als transsonischer Bereich bezeichnet, der eine gravierende Änderung des ballistischen Verhaltens des Geschosses mit sich bringt.

Bewegt sich das Geschoss oberhalb der Schallgrenze, wird die Luft vor dem Geschoss stark verdichtet, und die Luftdruckspitze befindet sich aufgrund des Reibungsverhaltens des Geschosses in der umgebenden Luft im hinteren Drittel des Geschosses. Das führt zu einem stabilen Überschallflug.

Fällt die Geschwindigkeit des Geschosses nun unter die Schallgrenze, verändert sich das Reibungsverhalten des Geschosses und der Kompressionsdruck vor der Geschossspitze. Dadurch verlagert sich die Luftdruckspitze vom hinteren Drittel des Geschosses in der Regel auf das vordere Drittel. Das führt dazu, dass:

- der stabile Geschossflug gestört wird
- das Luftdruckverhalten an der Geschossoberfläche geändert wird

Daher wird der Geschossflug im transsonischen Übergang extrem instabil. Das verdeutlicht sich rechnerisch in einem wesentlich erhöhten BC des Geschosses. Als Faustregel gilt eine Verschlechterung des BC um etwa 0,2.

Je nach Geschossbeschaffenheit kann sich dieser Wert im Unterschallbereich verbessern, wenn das Geschoss wieder ein gewisses Maß an Stabilität erreicht hat. Er wird jedoch nicht mehr als drei Viertel des ursprünglichen Werts erreichen.

DAS SCHUSSDATENBUCH
(DATA ON PREVIOUS ENGAGEMENTS)

Für nachvollziehbare und reproduzierbare Schussleistungen ist es notwendig, ein Schussdatenbuch zu führen. In dieser Sammlung werden relevante Daten bezüglich Munition, Schussposition, Zielen, Schusskorrekturwerten, klimatischen Bedingungen und Witterungsverhältnissen notiert. Diese Daten ergeben im Laufe der Zeit ein immer genaueres Bild der Schützenleistung und des Schussverhaltens der jeweiligen Waffe in Kombination mit der verwendeten Munition.

Über das hinaus empfiehlt es sich, für jede Waffe Daten zu Schussbelastung und Reinigungen zu führen. Wertet man diese Informationen aus, erhält man ein klares Bild über die eigene Leistung und das Potenzial der verwendeten Waffe und Munition. Darüber hinaus lässt sich aus den gesammelten Daten der Verschleiß einzelner Waffenteile in Abhängigkeit von Nutzung und Pflege nachvollziehen, was möglichen Unfällen durch Überbeanspruchung vorbeugt.

Das Schussdatenbuch als ständiger Begleiter der Waffe sollte jedoch nicht mit Daten überfrachtet werden, da man als Schütze diese Daten schnell und nachvollziehbar auswerten will. Vorlagen für Schussdatenbücher sind im Internet und im Fachhandel in verschiedensten Formen und Detailgraden verfügbar. Man sollte sich im Vorfeld Gedanken zu Art und Umfang der Datensammlung machen und diese dann entsprechend zusammenstellen. Je nach Anwendungsgebiet sind bestimmte Daten notwendig oder eher nicht notwendig und finden daher einen Platz im Datenbuch oder eben nicht. Grundsätzlich sollten enthalten sein:

- Daten der Waffe (Bezeichnung, Kaliber, Lauflänge, Dralllänge, Zubehör)
- Anschussblatt zur Feldjustierung
- Allgemeine Datenblätter:
  - Entfernungstabelle (mil oder MOA)
  - ballistische Daten der verwendeten Munition
  - Umrechnungstabelle für Längen und Maße
  - Korrekturtabelle für Zielfernrohr
  - Korrekturtabelle für Schusswinkel
  - Standard-Windkorrekturwerte
- Schussdatenblätter
- Justierschussdatenblätter

Mit diesen Daten können die relevanten Schussdaten nachgehalten und Korrekturwerte ermittelt werden.

Optional können enthalten sein:

- Schussprotokoll Gesamtschussbelastung (sollte grundsätzlich geführt werden!)
- Reinigungsprotokoll
- Korrekturwerttabelle für relevante Zielgrößen (zum Beispiel für jagdliche Anwendung)
- ballistische Nutzungsdaten für mil-Absehen

Das Schussdatenbuch ist eine Hilfestellung für Schützen und sollte so angelegt sein, dass es handlich, witterungsbeständig und leicht mitzuführen ist.

10.1 ENTFERNUNGSTABELLE

Die Entfernungstabelle hilft dabei, mithilfe eines mil-Absehens Entfernungen zu ermitteln.

mil	100	200	300	400	500	600	700	800	900	1000	1100	1200	1300	1400	1500
0,1	1	2	3	4	5	6	7	8	9	10	11	12	13	14	15
0,2	2	4	6	8	10	12	14	16	18	20	22	24	26	28	30
0,3	3	6	9	12	15	18	21	24	27	30	33	36	39	42	45
0,4	4	8	12	16	20	24	28	32	36	40	44	48	52	56	60
0,5	5	10	15	20	25	30	35	40	45	50	55	60	65	70	75
0,6	6	12	18	24	30	36	42	48	54	60	66	72	78	84	90
0,7	7	14	21	28	35	42	49	56	63	70	77	84	91	98	105
0,8	8	16	24	32	40	48	56	64	72	80	88	96	104	112	120
0,9	9	18	27	36	45	54	63	72	81	90	99	108	117	126	135
1	10	20	30	40	50	60	70	80	90	100	110	120	130	140	150
1,1	11	22	33	44	55	66	77	88	99	110	121	132	143	154	165
1,2	12	24	36	48	60	72	84	96	108	120	132	144	156	168	180
1,3	13	26	39	52	65	78	91	104	117	130	143	156	169	182	195
1,4	14	28	42	56	70	84	98	112	126	140	154	168	182	196	210
1,5	15	30	45	60	75	90	105	120	135	150	165	180	195	210	225
1,6	16	32	48	64	80	96	112	128	144	160	176	192	208	224	240
1,7	17	34	51	68	85	102	119	136	153	170	187	204	221	238	255
1,8	18	36	54	72	90	108	126	144	162	180	198	216	234	252	270
1,9	19	38	57	76	95	114	133	152	171	190	209	228	247	266	285

Beispiel:
geschätzte Zielgröße: 0,9 m
mil-Ablesung: 1,3 mil
➡ Zeile 1,3 mil Ablesung für etwa 90 cm = 700 m

Übungen:

- Ermittle die Entfernung für ein 0,6 m großes Ziel mit einer Ablesung von 1,8 mil
- Ermittle die Zielgröße eines Ziels in 300 m Entfernung mit einer Ablesung von 1,1 mil

10.2 UMRECHNUNGSTABELLE MIL/MOA

Häufig findet man Zielfernrohre mit mil-Ablesung, aber MOA-Klickverstellung. Um in diesen Fällen die Korrekturwerte schnell zu ermitteln und zu justieren, ist eine Umrechnungstabelle mil/MOA hilfreich.

mil	MOA	mil	MOA	mil	MOA	mil	MOA	mil	MOA	mil	MOA
0,1	0,3	2	6,9	3,9	13,4	5,8	19,9	7,7	26,5	9,6	33,0
0,2	0,7	2,1	7,2	4	13,8	5,9	20,3	7,8	26,8	9,7	33,3
0,3	1,0	2,2	7,6	4,1	14,1	6	20,6	7,9	27,2	9,8	33,7
0,4	1,4	2,3	7,9	4,2	14,4	6,1	21,0	8	27,5	9,9	34,0
0,5	1,7	2,4	8,3	4,3	14,8	6,2	21,3	8,1	27,8	10,0	34,4
0,6	2,1	2,5	8,6	4,4	15,1	6,3	21,7	8,2	28,2	10,1	34,7
0,7	2,4	2,6	8,9	4,5	15,5	6,4	22,0	8,3	28,5	10,2	35,1
0,8	2,8	2,7	9,3	4,6	15,8	6,5	22,3	8,4	28,9	10,3	35,4
0,9	3,1	2,8	9,6	4,7	16,2	6,6	22,7	8,5	29,2	10,4	35,8
1	3,4	2,9	10,0	4,8	16,5	6,7	23,0	8,6	29,6	10,5	36,1
1,1	3,8	3	10,3	4,9	16,8	6,8	23,4	8,7	29,9	10,6	36,4
1,2	4,1	3,1	10,7	5	17,2	6,9	23,7	8,8	30,3	10,7	36,8
1,3	4,5	3,2	11,0	5,1	17,5	7	24,1	8,9	30,6	10,8	37,1
1,4	4,8	3,3	11,3	5,2	17,9	7,1	24,4	9	30,9	10,9	37,5
1,5	5,2	3,4	11,7	5,3	18,2	7,2	24,8	9,1	31,3	11,0	37,8
1,6	5,5	3,5	12,0	5,4	18,6	7,3	25,1	9,2	31,6	11,1	38,2
1,7	5,8	3,6	12,4	5,5	18,9	7,4	25,4	9,3	32,0	11,2	38,5
1,8	6,2	3,7	12,7	5,6	19,3	7,5	25,8	9,4	32,3	11,3	38,8
1,9	6,5	3,8	13,1	5,7	19,6	7,6	26,1	9,5	32,7	11,4	39,2

Die Umrechnung kann auch vereinfacht mit dem Wert 1 mil = 3,5 MOA im Kopf durchgeführt werden.

Übungen:

- Berechne im Kopf den mil-Wert für eine Korrektur von 1,75 MOA
- Kontrolliere den Wert in der Tabelle
- Ermittle den Korrekturwert in ½ MOA für eine Höhenverstellung von 4,7 mil

10.3 WINDKORREKTURWERTE

Um schnelle Windkorrekturen durchzuführen, bieten sich Tabellen für Windgeschwindigkeitsbereiche an. Dadurch erhält man annähernde Korrektur-

3-5 mph/5-8 km/h	<.308 Win			> .300 WinMag		
Entfernung [m]	1/1 Wind	3/4 Wind	1/2 Wind	1/1 Wind	3/4 Wind	1/2 Wind
100	0,1	0,075	0,05	0,08	0,06	0,04
200	0,2	0,15	0,1	0,16	0,12	0,08
300	0,3	0,225	0,15	0,24	0,18	0,12
400	0,4	0,3	0,2	0,32	0,24	0,16
500	0,5	0,375	0,25	0,4	0,3	0,2
600	0,7	0,525	0,35	0,56	0,42	0,28
700	0,8	0,6	0,4	0,64	0,48	0,32
800	0,9	0,675	0,45	0,72	0,54	0,36
900	1,0	0,75	0,5	0,8	0,6	0,4
1000	1,1	0,825	0,55	0,88	0,66	0,44
1100	1,2	0,9	0,6	0,96	0,72	0,48
1200	1,3	0,975	0,65	1,04	0,78	0,52
1300	1,4	1,05	0,7	1,12	0,84	0,56
1400	1,5	1,125	0,75	1,2	0,9	0,6
1500	1,6	1,2	0,8	1,28	0,96	0,64
1600	1,7	1,275	0,85	1,36	1,02	0,68

6-8 mph/9-13 km/h	<.308 Win			> .300 WinMag		
Entfernung [m]	1/1 Wind	3/4 Wind	1/2 Wind	1/1 Wind	3/4 Wind	1/2 Wind
100	0,2	0,15	0,1	0,16	0,12	0,08
200	0,4	0,3	0,2	0,32	0,24	0,16
300	0,6	0,45	0,3	0,48	0,36	0,24
400	0,8	0,6	0,4	0,64	0,48	0,32
500	1,0	0,75	0,5	0,8	0,6	0,4
600	1,4	1,05	0,7	1,12	0,84	0,56
700	1,6	1,2	0,8	1,28	0,96	0,64
800	1,8	1,35	0,9	1,44	1,08	0,72
900	2,0	1,5	1,0	1,6	0,2	0,8
1000	2,2	1,65	1,1	1,76	1,32	0,88
1100	2,4	1,8	1,2	1,92	1,44	0,96
1200	2,6	1,95	1,3	2,08	1,56	1,04
1300	2,8	2,1	1,4	2,24	1,68	1,12
1400	3,0	2,25	1,5	2,4	1,8	1,2
1500	3,2	2,4	1,6	2,56	1,92	1,28
1600	3,4	2,55	1,7	2,72	2,04	1,36

werte, die einen Treffer im Zielbereich ohne Berechnung zulassen. Die nachfolgenden Tabellen sind Beispiele für verschiedene Windstärken, ermittelt nach der vereinfachten Windformel und Korrekturangaben in mil.

9-12 mph/14-19 km/h	<.308 Win			> .300 WinMag		
Entfernung [m]	1/1 Wind	3/4 Wind	1/2 Wind	1/1 Wind	3/4 Wind	1/2 Wind
100	0,28	0,21	0,14	0,22	0,17	0,11
200	0,55	0,42	0,28	0,44	0,33	0,22
300	0,83	0,63	0,42	0,66	0,5	0,33
400	0,88	0,66	0,44	0,88	0,66	0,44
500	1,1	0,83	0,55	1,1	0,83	0,55
600	1,93	1,45	0,97	1,54	1,16	0,77
700	2,2	1,65	1,1	1,76	1,32	0,88
800	2,48	1,86	1,24	1,98	1,49	0,99
900	2,75	2,06	1,38	2,2	1,65	1,1
1000	3,03	2,28	1,52	2,42	1,82	1,21
1100	3,3	2,48	1,65	2,64	1,98	1,32
1200	3,58	2,69	1,79	2,86	2,15	1,43
1300	3,85	2,89	1,93	3,08	2,31	1,54
1400	4,13	3,1	2,1	3,3	2,48	1,65
1500	4,4	3,3	2,2	3,52	0,64	1,76
1600	4,68	3,51	2,34	3,74	2,81	1,87

13-15 mph/20-24 km/h	<.308 Win			> .300 WinMag		
Entfernung [m]	1/1 Wind	3/4 Wind	1/2 Wind	1/1 Wind	3/4 Wind	1/2 Wind
100	0,35	0,26	0,18	0,28	0,21	0,14
200	0,7	0,53	0,35	0,56	0,42	0,28
300	1,05	0,79	0,53	0,84	0,63	0,42
400	1,4	1,05	0,7	1,12	0,84	0,56
500	1,75	1,31	0,88	1,4	1,05	0,7
600	2,45	1,84	1,23	1,96	0,47	0,98
700	2,8	2,1	1,4	2,24	1,68	1,12
800	3,15	2,36	1,58	2,52	1,89	1,26
900	3,5	2,63	1,75	2,8	2,1	1,4
1000	3,85	2,89	1,93	3,1	2,33	1,55
1100	4,2	3,15	2,1	3,36	2,52	1,68
1200	4,55	3,41	2,28	3,64	2,73	1,82
1300	4,9	3,7	2,45	3,92	2,94	1,96
1400	5,25	3,94	2,63	4,2	3,15	2,1
1500	5,6	4,2	2,8	4,48	3,36	2,24
1600	5,95	4,46	3	4,76	3,57	2,38

Übungen:

- Ermittle den Korrekturwert für einen Schuss auf 400 m, ¾ Wind 4 mph, Kaliber .308 Win
- Ermittle den Korrekturwert für einen Schuss auf 900 m, 1/1 Wind 15 km/h, Kaliber .300 Win Mag
- Ermittle die Korrekturwerte für einen Schuss auf 190 m, ½ Wind 22 km/h
- Kontrolliere die Werte mithilfe der vereinfachten Windformel

10.4 WINKELSCHUSSENTFERNUNGEN

Erfolgt ein Schuss in einem Winkel, müssen Höhenkorrekturen entsprechend der realen Schussweite vorgenommen werden. Durch einen Winkelschuss entspricht die reale Distanz zum Ziel nicht der gemessenen oder ermittelten Distanz, sondern sondern verkürzt sich. Gleiches gilt für Zielproportionen: Beim Blick von oben oder unten verkürzt sich die Zielhöhe, die Zielbreite bleibt bestehen. Beim seitlichen Blick auf ein Ziel verkürzt sich die Zielbreite, die Höhe bleibt bestehen. Kombinationen verändern alle Proportionen, was bei Entfernungsmessungen über das Absehen zu beachten ist.

Um die reale Länge schnell zu ermitteln und entsprechende Korrekturen korrekt durchzuführen, empfiehlt sich die Nutzung einer Tabelle:

Winkel	Cos	100	200	300	400	500	600	700	800	900	1000	1100	1200	1300	1400	1500	1600
5°	0,99	99	198	297	396	495	594	693	792	891	990	1089	1188	1287	1386	1485	1584
10°	0,98	98	196	294	392	490	588	686	784	882	980	1078	1176	1274	1372	1470	1568
15°	0,96	96	192	288	384	480	576	672	768	864	960	1056	1152	1248	1344	1440	1536
20°	0,94	94	188	282	376	470	564	658	752	846	940	1034	1128	1222	1316	1410	1504
25°	0,91	91	182	273	364	455	546	637	728	819	910	1001	1092	1183	1274	1365	1456
30°	0,87	87	174	261	348	435	522	609	696	783	870	957	1044	1131	1218	1305	1392
35°	0,82	82	164	246	328	410	492	574	656	738	820	902	984	1066	1148	1230	1312
40°	0,77	77	154	231	308	385	462	539	616	693	770	847	924	1001	1078	1155	1232
45°	0,71	71	142	213	284	355	426	497	568	639	710	781	852	923	994	1065	1136
50°	0,64	64	128	192	256	320	384	448	512	576	640	704	768	832	896	960	1024
55°	0,57	57	114	171	228	285	342	399	456	513	570	627	684	741	798	855	912
60°	0,50	50	100	150	200	250	300	350	400	450	500	550	600	650	700	750	800
65°	0,42	42	84	126	168	210	252	294	336	378	420	462	504	546	588	630	672
70°	0,34	34	68	102	136	170	204	238	272	306	340	374	408	442	476	510	544
75°	0,26	26	52	78	104	130	156	182	208	234	260	286	312	338	364	390	416
80°	0,17	17	34	51	68	85	102	119	136	153	170	187	204	221	238	255	272
85°	0,09	9	18	27	36	45	54	63	72	81	90	99	108	117	126	135	144
89°	0,02	2	4	6	8	10	12	14	16	18	20	22	24	26	28	30	32

Übungen:

- Ermittle die wahre Schussentfernung für eine gemessene Zieldistanz von 700 m bei einem Winkel von 25°.
- Ermittle die wahre Schussentfernung für eine gemessene Zieldistanz von 1100 m bei einem Winkel von 10°.

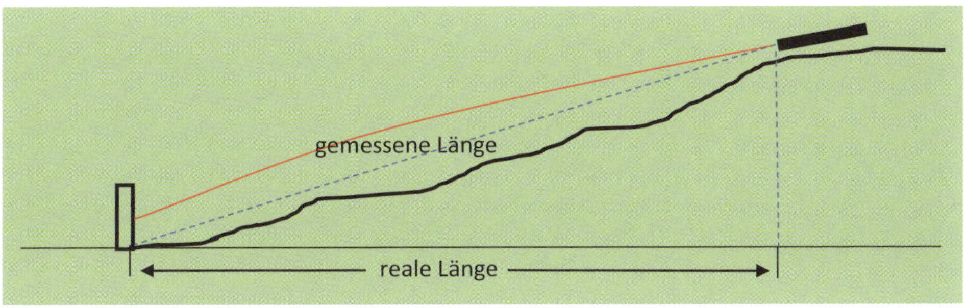

Winkel wirken sich auf die tatsächliche Entfernung über Grund aus, die das Geschoss zurücklegen muss. Für die Korrekturwertermittlung ist nicht die gemessene Entfernung, sondern die reale Entfernung über Grund ausschlaggebend.

Winkelschüsse kommen in allen Bereichen vor. Bereits geringe Winkel können sich auf größere Entfernungen auswirken.

10.5 BALLISTISCHE DATEN DER VERWENDETEN MUNITION (KORREKTURWERTE GESCHOSSABFALL)

Die wichtigste Tabelle, die ein Schussdatenbuch enthalten muss, sind die Korrekturwerte für den Geschossabfall auf verschiedene Distanzen. Diese Werte müssen unbedingt selber verifiziert werden. Sich auf Herstellerangaben zu verlassen, ist hier nicht zielführend.

Als erste Grundlage können Herstellerangaben oder Ergebnisse ballistischer Rechner herangezogen werden, jedoch müssen diese Werte unter den jeweiligen Umweltbedingungen verifiziert und/oder korrigiert werden. Die Eintragungen in den jeweiligen Schussdatenblättern ermöglichen im Laufe der Zeit ein immer genaueres Schussverhalten der Waffe in Verbindung mit der genutzten Munition unter verschiedenen Witterungsverhältnissen. Daraus lassen sich dann verlässliche Schusskorrekturen herleiten und anwenden.

Diese Werte müssen für jede Munitionssorte einzeln ermittelt werden, um eine optimale Abstimmung und verlässliche Korrekturwerte zu erhalten.

Distanz [m]	Korrektur [mil]	Korrektur [MOA]
50		
100		
150		
200		
250		
300		
350		
400		
450		
500		

Distanz [m]	Korrektur [mil]	Korrektur [MOA]
550		
600		
650		
700		
750		
800		
850		
900		
950		
1000		

10.6 ZIELSKIZZE

Eine Zielskizze bietet sich immer dann an, wenn mehrere Ziele in unterschiedlichen Entfernungen und/oder topographische Besonderheiten (Freigelände, hügeliges, bergiges Gelände, topographische Hindernisse und so weiter) vorhanden sind. In diesen Fällen ist eine vorherige Zielskizze mit Entfernungs- und gegebenenfalls Korrekturangaben hilfreich.

Die Ziele sollten dabei eindeutig bezeichnet werden, um spätere Verwechslungen auszuschließen. Insbesondere bei der Arbeit im Team ist hier eine eindeutige Kommunikation erforderlich. Die zusätzliche Festlegung von Sektoren hilft dabei.

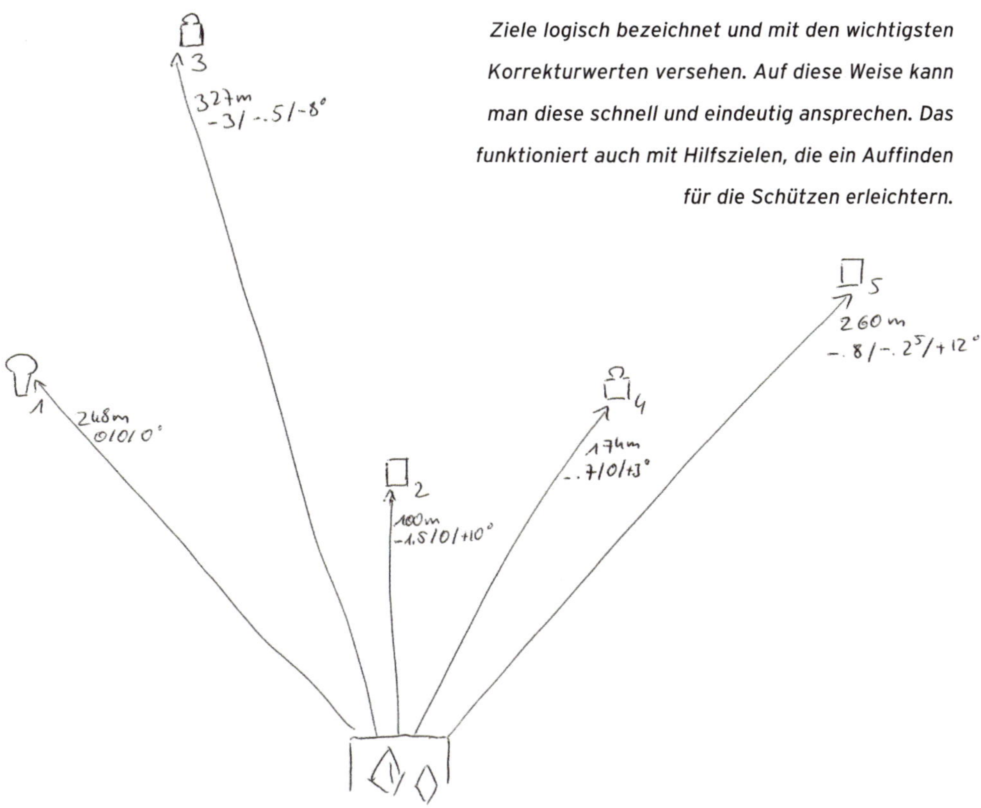

In der einfachsten Form der Zielskizze werden die Ziele logisch bezeichnet und mit den wichtigsten Korrekturwerten versehen. Auf diese Weise kann man diese schnell und eindeutig ansprechen. Das funktioniert auch mit Hilfszielen, die ein Auffinden für die Schützen erleichtern.

10.7 SCHUSSDATENBLATT

Das Schussdatenblatt bietet die Möglichkeit, alle relevanten Daten übersichtlich und schnell zu erfassen (eine Kopiervorlage finden Sie auf Seite 171).

Zeit	Ort	Munition	Entfernung		○ m ○ yd
			Position		

Luft- feuchte	Luftdruck	Höhe (ü.n.N.)	Temp. (°C/°F)	Winkel	○ stehend	○ kniend	○ liegend
					○ unterst.:		○ frei

Wind	○ km/h ○ mph	Licht	○ nat. ○ künstl.	Zielart	○ weich	○ hart
○ 1/2	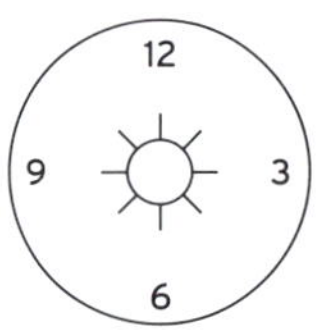	○ klar	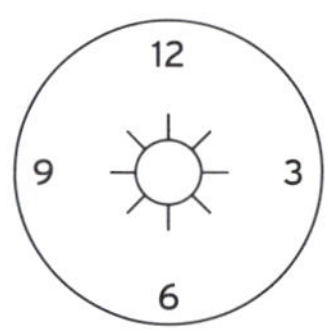			
○ 3/4		○ diesig				
○ 1/1		○ neblig		Abmessungen	Breite	Höhe
○ Rücken		○ bedeckt				
○ Gegen		○ Nacht				

Schuss	1	2	3	4	Skizze
Höhe					
Seite					
Abk.					
Schuss	**5**	**6**	**7**	**8**	
Höhe					
Seite					
Abk.					
Schuss	**9**	**10**	**11**	**12**	**Notizen**
Höhe					
Seite					
Abk.					

Zeit: Eintragung Datum und Uhrzeit
Ort: Ortsbezeichnung / gegebenenfalls Längen-/Breitengrad
Munition: genaue Munitionsbezeichnung (Hersteller, Geschossgewicht, Geschossart, Laborierung etc.)
Entfernung: genaue Zielentfernung oder Entfernungsbereiche (gegebenenfalls Zielskizze mit Zielnummern ergänzen)
Luftfeuchte: sofern möglich, Angabe zur Luftfeuchtigkeit (relativ oder absolut)
Luftdruck: sofern möglich, Angaben zum Luftdruck (bar, hPa)
Temperatur: Angaben zur Lufttemperatur
Winkel: Angabe des Schusswinkels zum Ziel (gegebenenfalls Zielskizze mit Zielnummern ergänzen)
Position: Angaben zur Schussposition sowie gegebenenfalls Unterstützungsart
Zielart: Angaben zur Zielbeschaffenheit
Abmessungen: Angaben zu Zielabmessungen (bei Winkelschüssen nur wahre Zielmaße angeben!)
Höhe: Einstellung der gewählten Höhenkorrektur für den jeweiligen Schuss
Seite: Einstellung der gewählten Seitenkorrektur für den jeweiligen Schuss
Abkommen: Angabe des Abkommens bei der jeweiligen Schussabgabe
Notizen: Angabe weiterer Besonderheiten, Zusatzangaben etc.
Wind: Angabe von Windrichtung, Windgeschwindigkeit (gegebenenfalls mitteln) und Windfaktor
Licht: Angabe der Einfallsrichtung des Lichts, Sichtverhältnisse und Lichtart

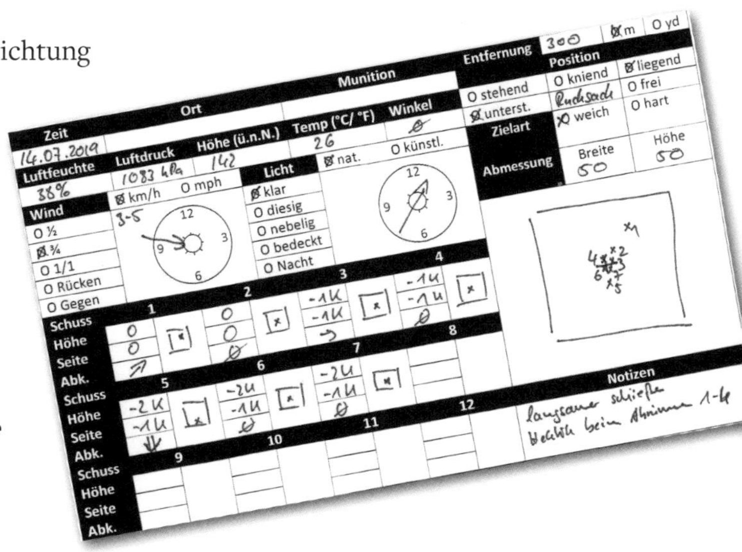

Das Schussdatenblatt ist schnell befüllt und ermöglicht im Nachhinein eine umfassende Auswertung jedes einzelnen Schusses. Grundlage dafür ist die Aufnahme von realistischen Fakten, nicht von geschönten Werten.

SCHIESSEN AUF BEWEGTE ZIELE

Schießt man auf sich bewegende Ziele, erhöht das natürlich den Schwierigkeitsgrad des Schusses. Dabei wirken nicht nur die externen Einflussfaktoren auf das Geschoss: Man muss als Schütze auch die Bewegung des Ziels in die Korrekturwertermittlung einbeziehen. Vereinfacht gesagt muss man wissen, wo sich das Ziel befinden wird, wenn das Geschoss es erreicht. Dabei spielen diverse Faktoren eine wesentliche Rolle:

- Bewegungsrichtung des Ziels
- Geschwindigkeit der Bewegung
- Veränderungen in der Bewegungsgeschwindigkeit, zum Beispiel durch topographische Begebenheiten
- Geschwindigkeit und Flugdauer des Geschosses bis zum Ziel
- externe Faktoren (Witterung, Wind, Luftdruck etc.)

Je größer die Entfernung zum Ziel ist, umso größer ist der Einfluss der Faktoren auf den Schuss. Mit zunehmender Entfernung erhöht sich die Flugdauer des Geschosses und damit die Wirkung der externen Faktoren auf das Geschoss sowie die Bewegungsänderung des Ziels. Zudem muss beachtet werden, dass durch externe Faktoren (Luftreibung, Erdanziehung) die Geschossgeschwindigkeit mit zunehmender Entfernung abnimmt. Das bedeutet, dass man als Schütze die Kenndaten der verwendeten Munition unbedingt kennen muss, um diese korrekt in die Schusslösung einzubeziehen.

Als grober Anhaltswert kann eine Verlängerung der Flugdauer um 0,1 Sekunden pro 100 Meter angenommen werden. Das gilt für Entfernungen im Bereich von 100 bis 400 Meter. Für Entfernungen über 500 Meter kann überschlägig mit einer Verlängerung um 0,2 Sekunden pro 100 Meter gerechnet werden. Das mag sich nicht nach viel anhören, kann jedoch den Unterschied zwischen Treffer und Fehlschuss ausmachen.

Für die Ermittlung des korrekten Vorhaltewinkels bei Schüssen auf sich bewegende Ziele müssen also zusätzlich folgende Werte beachtet werden:

- Bewegungsrichtung und -geschwindigkeit des Ziels
- Entfernung zum Ziel
- Entfernung des Ziels bei Zusammentreffen mit dem Geschoss
- Flugzeit des Geschosses bis zum Ziel

Besonders schwierig wird es dann, wenn die Bewegung schräg zum Schützen erfolgt, also sowohl eine seitliche Bewegung als auch eine Entfernungsänderung durch die Bewegung erfolgt. Je größer die Geschwindigkeit des Ziels dabei ist, um so relevanter wird die Entfernungsänderung.

Auch wenn es sich kompliziert anhört, ist die Ermittlung der Korrekturwerte bei sich bewegenden Zielen relativ einfach, wenn man die Kenngrößen korrekt ermittelt. Grundsätzlich beginnt man mit der Ermittlung der Entfernung zum Ziel. Hat man im Vorfeld eine Geländeskizze mit Entfernungen erstellt, kann das schnell mithilfe von Geländepunkten erfolgen.

Im nächsten Schritt ermittelt man die Bewegungsrichtung und -Geschwindigkeit des Ziels. Dazu bedient man sich am besten der Hilfsmittel, die durch die Umgebung und/oder das eigene Waffensystem gegeben sind, also markanten Geländepunkten mit einem bekannten Abstand zueinander oder Markierungen im Zielfernrohr.

Dazu ermittelt man die Entfernung, die das Ziel in einer Sekunde zurücklegt. Je nach Ermittlungsmethode erhält man ein Ergebnis in m/s oder mil/s beziehungsweise MOA/s.

Diese Werte kann man nun in das benötigte Format umrechnen. Dazu kann man sich entweder im Vorfeld Tabellen anlegen, oder man ermittelt die Werte rechnerisch vor Ort. Zweckmäßig ist es, die Werte so umzurechnen, dass man für die ermittelte Bewegungsgeschwindigkeit einen Korrekturwert in mil oder

MOA erhält, so dass diese am Glas beziehungsweise mithilfe eines entsprechenden Absehens genutzt werden können.

ZIELGESCHWINDIGKEIT ERMITTELN, METHODE 1: GELÄNDEPUNKTE

Kennt man die Entfernung zwischen zwei Geländepunkten in Bewegungsrichtung des Ziels, so kann man die zurückgelegte Entfernung in einer Sekunde relativ genau ermitteln. Als Ergebnis erhält man eine Zielgeschwindigkeit in m/s. Benötigt man das Ergebnis in km/h, multipliziert man die ermittelte Geschwindigkeit mit dem Faktor 3,6.

ZIELGESCHWINDIGKEIT ERMITTELN, METHODE 2: NUTZUNG DES ABSEHENS

Für diese Methode empfiehlt sich ein Absehen in der ersten Bildebene zu nutzen. Andernfalls muss das Abbildungsverhältnis bekannt sein. Dabei wird ermittelt, wie weit sich das Ziel innerhalb einer Sekunde im Absehen bewegt. Mit dieser Methode erhält man eine Bewegungsgeschwindigkeit in mil/s beziehungsweise MOA/s. Der Vorteil dieser Methode ist, dass das Ergebnis unmittelbar für die Schusskorrektur verwendet werden kann, also die Ablesung direkt auf die ermittelten ballistischen Korrekturwerte addiert und damit die korrekte Vorhaltemarke schnell gewählt werden kann.

BEWEGUNGSRICHTUNG BESTIMMEN

Hat man die Zielgeschwindigkeit ermittelt, ist es nötig, die Bewegungsrichtung des Ziels zu bestimmen. Bewegungen parallel zur eigenen Position, also Bewegungen von einer Seite zur anderen, haben keinen Einfluss auf die Zieldistanz, Bewegungen längs zur eigenen Position, also auf die eigene Position zu oder von ihr weg, vergrößern beziehungsweise verkleinern die Zieldistanz während des Geschossfluges. Gleiches gilt bei Bewegungen schräg zur eigenen Position.

GESCHOSSFLUGZEIT BESTIMMEN

Bewegungsgeschwindigkeit und -richtung sowie die Zielentfernung sind ermittelt. Nun geht es darum, die Geschossflugzeit in die Schusslösung mit einzubeziehen. So wird ermittelt, an welchem Punkt sich das Ziel befinden wird, wenn das Geschoss es erreicht.

Dazu muss man die Kenndaten der Munition kennen. Diese Daten sollte man im Schussdatenbuch mithilfe einer Tabelle schnell verfügbar machen. Die Ausgangsdaten dafür erhält man vom Munitionshersteller. Für selbst laborierte Munition muss man die entsprechenden Werte selber ermitteln. Als Ausgangsdaten erhält man in der Regel die Geschossgeschwindigkeit auf unterschiedliche Entfernungen in m/s. Die Flugzeit lässt sich errechnen, indem man die jeweilige Entfernung durch die angegebene Geschossgeschwindigkeit dividiert. Ein Beispiel dazu findet sich im Kasten unten.

Nun beginnt die eigentliche Arbeit. Als Beispiel nehmen wir ein Ziel auf 500 m Entfernung in einer Querbewegung von links nach rechts mit einer Geschwindigkeit von 3 m/s (10,8 km/h). Geschoss: .308 Win, BC 0,48, V_0 = 785 m/s.

Als Ausgangspunkt nehmen wir die ermittelte Zielentfernung und suchen die entsprechende Geschossflugzeit aus der Tabelle, in diesem Fall 0,72 Sekunden.

Tabelle Geschossgeschwindigkeit/Entfernung
Beispiel: .308 Win (V_0 = 785 m/s, BC 0,48)

Entfernung [m]	Flugzeit [s]
0	0
50	0,06
100	0,12
150	0,18
200	0,21
250	0,29
300	0,32

Entfernung [m]	Flugzeit [s]
350	0,36
400	0,41
450	0,55
500	0,72
550	0,73
600	0,85
650	0,98

Entfernung [m]	Flugzeit [s]
700	1,02
750	1,22
800	1,29
850	1,44
900	1,50
950	1,62
1000	1,71

Das Ziel bewegt sich mit 3 m/s. Es gilt zu ermitteln, wie weit es sich in 0,72 Sekunden bewegt:

3 m/s x 0,72 s = 2,16 m

Das Ziel bewegt sich während des Geschossfluges also um 2,16 Meter vom Ausgangspunkt zum Zeitpunkt der Schussauslösung weg.

Als nächstes muss der entsprechende Vorhaltewinkel ermittelt werden. Dazu ist wichtig, die Zielentfernung nach der Geschossflugzeit genau zu kennen. Im Beispiel bleibt diese konstant bei 500 Meter. Die Fragestellung lautet also: Wieviel mil/MOA sind 2,16 m auf eine Entfernung von 500 m?

1 mil auf 500 m = 0,5 m
2,16 : 0,5 = 4,32 mil
4,32 mil = 15,12 MOA (Umrechnungsfaktor 3,5)

Der Vorhaltewinkel für ein Ziel, das sich konstant in 500 Meter Entfernung mit einer Geschwindigkeit von 3 m/s bewegt, beträgt also 4,32 mil beziehungsweise 15,12 MOA.

Es gilt dabei zu beachten, dass Geschossflugzeit und Zielentfernung voneinander abhängig sind. Bei sich quer bewegenden Zielen ist das relativ unproblematisch, bewegt sich das Ziel jedoch auf die eigene Position zu oder von ihr weg, ändern sich die Zielentfernung und die Geschossflugzeit. Stellt das bei geradlinigen Bewegungen nach 12 und 6 Uhr keine große Schwierigkeit dar, wird es bei schrägen Bewegungen um so wichtiger, die Zielentfernungsänderung zu beachten.

Querbewegungen (Bewegung quer zur Schützenposition ohne Entfernungsänderung):

➡ seitlicher Vorhalt

Längsbewegungen (Bewegung auf der Sicht-/Geschossfluglinie):

➡ Höhenvorhalt

Die Kombination von Längs- und Querbewegung erfordert dementsprechend eine Kombination von Seiten- und Höhenvorhalt. Dazu folgendes Beispiel:

Zielentfernung: 500 m
Bewegungsrichtung: schräg vorwärts (auf Schützenposition zu), von links nach rechts
Zielgeschwindigkeit: 8 m/s (28,8 km/h), optisch ermittelt (Geschwindigkeit quer zur Schützenposition = Zielgeschwindigkeit)
Wind: kein Wind
Geschoss: .308 Win, BC 0,48, V_0 = 785 m/s
Entfernungsreduktion: 6 m/s (über Absehen ermittelt)
ZF: 1 mil / Klick

Wir ermitteln die nötige Korrektur in folgenden Schritten:

- Geschossflugzeit für 500 m: 0,72 s
- Entfernungsreduktion bei Geschossflugzeit: 6 m/s x 0,72 s = 4,32 m

➡ Entfernung Ziel bei Treffer: 495,68 m

Diese Entfernungsreduktion ist zu vernachlässigen. Wir nehmen daher als Entfernung 500 Meter an.

- Bewegung Ziel: 8 m/s x 0,72 s = 5,76 m
- 1 mil auf 500 m = 0,5 m, dementsprechend: 5,76 m = 11,52 mil
- Korrekturwert: 11,5 Klick links, Haltepunkt 0 bis 0,1 mil tief (Kompensation Entfernungsreduktion)

WAS SIND ZIELFERNROHRGEWEHRE?

Im folgenden werden die gängigen Typen von Gewehren vorgestellt, die sich für den Einsatz mit einem Zielfernrohr eignen.

SCOUT RIFLE

Das Scout Rifle geht auf das Konzept von Jeff Cooper zurück, der damit ein leichtes Gewehr beschreibt, das sowohl für den schnellen Reaktionsschuss, als auch für den präzisen Distanzschuss bis etwa 200 Meter geeignet ist.

Das ursprüngliche Konzept legt folgende Kriterien für ein Scout Rifle fest:

- Repetierbüchse
- Gesamtlänge bis 100 cm
- Gesamtgewicht bis 3,2 kg
- Treffgenau bis etwa 200 m
- Militärkaliber (in der Regel .308 Win)
- lichtstarkes Zielfernrohr mit geringer Vergrößerung (1- bis 4-fach)
- Schnellspann-/beziehungsweise Schwenkmontage
- offene Visierung als Backup
- Positionierung des ZF vor der Auswurföffnung
- Magazinkapazität 3-5 Patronen

Diese Konfiguration erlaubt es, einen ersten Schuss aus der Pirschhaltung und einer Entfernung von 50 Metern in maximal 1,5 Sekunden gezielt anzubringen. Durch die leichte Bedienbarkeit, die kurze Bauform und das geringe Gewicht stellt das Scout Rifle eine sehr gute Option für Schützen dar, die sowohl reaktiv als auch gezielt schießen müssen, dabei mobil unterwegs sind und gegebenenfalls schnell Folgeschüsse auf das Ziel anbringen müssen.

Das lichtstarke Zielfernrohr erlaubt durch die vorgeschobene Positionierung mit etwas Übung die Einhaltung der von Cooper vorgegebenen 1,5 Sekunden für den

Modernes Scout Rifle nach den Vorgaben von Jeff Cooper.

reaktiven Erstschuss. Gleichzeitig kann im passenden Anschlag gezielt auf größere Distanzen geschossen werden. Je nach Bauform des Glases ist dabei nur eine geringfügige Anpassung der Körperhaltung im Anschlag nötig.
Das Scout Rifle ist besonders geeignet für den mobilen, jagdlichen Einsatz (zum Beispiel Drückjagd, Nachsuche) und für mehrtägige Touren, bei denen eine Waffe mitgeführt werden soll. Das vergleichsweise energiereiche Kaliber bietet dabei auf die nutzbaren Entfernungen ausreichend Wirkung im Ziel. Es stellt einen hinreichenden Kompromiss zwischen Magazinkapazität und Wirkung dar.

PRACTICAL RIFLE

Das Practical Rifle stellt eine Weiterentwicklung des klassischen Jeff Cooper Scout Rifle dar und steht als Bindeglied zwischen dem klassischen Scout Rifle und dem modernen DMR. Im Practical Rifle findet man die klassischen Anforderungen an ein Scout Rifle, jedoch nicht in so strikter Form und um moderne Möglichkeiten wie Rotpunktzielgeräte, Selbstladesysteme und so weiter erweitert.

Das Practical Rifle stellt einen Kompromiss zwischen Jeff Coopers Scout Rifle und einer schweren Jagdbüchse dar.

Verschiedene Kernaspekte des Scout Rifle werden beibehalten:

- .30 Kaliber
- lichtstarkes Zielfernrohr mit kleiner Vergrößerung
- Redundanz der Visierung

In anderen Aspekten macht das Practical Rifle deutliche Konzessionen an die technische Weiterentwicklung:

- Gesamtlänge 100 cm +/-
- Möglichkeit der Schalldämpfermontage
- Vergrößerung des ZF von 1- bis 6-fach (gegebenenfalls sogar 8-fach)
- Repetier- oder Selbstladebüchse
- Backupvisierung als offene Flip-Up-Version oder Rotpunkt auf Wechselmontage oder seitlich montiert
- Gewicht 3-4 kg
- Treffgenauigkeit 1-1,5 MOA bis 300 m

- freie Positionswahl des Zielfernrohrs
- Magazinkapazitäten mehr als 5 Patronen

Insbesondere die Position des Zielfernrohrs und die Einbeziehung von Selbstladern sind Ergebnisse der technischen Anpassung. Die Präzision der Selbstladebüchsen und moderne Bauformen von Zielfernrohren (Drückjagdgläser) bieten dem Schützen die Möglichkeit, von einigen Zwängen der Vergangenheit Abschied zu nehmen und die Waffe an die eigenen Bedürfnisse für den praktischen Einsatz anzupassen. Moderne Schnellspannmontagen und die breite Verfügbarkeit von Rotpunktvisieren sind weitere Aspekte, die die technische Entwicklung mit sich bringen. Inzwischen kann auf offene Visierungen in diesem Bereich fast verzichtet werden, da der Wechsel einer Zieloptik innerhalb von wenigen Sekunden erfolgen kann. Der komplette Verzicht auf eine rein mechanische Visierung ist dennoch nicht empfehlenswert, da diese sehr robust ist und keine Batterien benötigt.

DMR (DESIGNATED MARKSMAN RIFLE)

Ursprünglich aus dem militärischen Bereich stammend, findet das DMR immer mehr Einzug in den zivilen Bereich. Während das klassische DMR nicht nach seiner Funktionsweise, sondern nach seinem Einsatzzweck definiert wird, versteht man im allgemeinen Sprachgebrauch unter einem DMR häufig einen Selbstlader mit Zielfernrohr und diversem Zubehör.

Der Einsatzzweck als DMR begründet sich aus dem militärischen Bereich wie folgt:

- Beschuss von Einzelzielen im infanteristischen Einsatz bis etwa 600 m
- Überwachung/Sicherung infanteristischer Einheiten als Teil der Gruppe
- Schließen der Wirkungslücke zwischen Sturmgewehr und Präzisionsgewehr des Scharfschützen
- Kaliberergänzung der infanteristischen Gruppe
- Sicherungswaffe der Beobachter im Scharfschützentrupp

Waffen, die so eingesetzt werden, erfüllen die Anforderungen an ein DMR. Das müssen nicht zwangsläufig Selbstlader sein, auch wenn man mit fortschreitender Entwicklung der Waffentechnik und der Verbreitung der Selbstladebüchsen zwangsläufig dazu tendierte, als DMR derartige Waffen zu nutzen. Nicht zuletzt bieten Selbstlader eine höhere Magazinkapazität und die Möglichkeit schneller Schussfolgen. Es werden aber auch heute noch Repetierbüchsen als DMR (zum Beispiel M24 beim US Army Marine Corps oder Steyr SSG bei der Schweizer Armee) eingesetzt, insbesondere wenn es um den präzisen Einzelschuss geht.

Das DMR charakterisiert sich vor allem durch folgende Kriterien:
- .30 Kaliber (in der Regel .308 Win) mit energiereicher Munition (starke Ladung)
- Zielfernrohr mit hoher Lichtstärke zum Einsatz bei schlechten Sichtverhältnissen
- Zielfernrohr mit großer Vergrößerung, in der Regel verstellbar
- mil-Absehen zur schnellen Schusskorrektur

Moderne DMR können mit vielen Zu- und Anbauteilen versehen werden. Dazu gehören unter anderem:
- Schalldämpfer
- Rotpunktvisiere
- Zusatzgriffe
- Wechselläufe
- Trageriemen

Inzwischen erfreut sich das DMR-Konzept auch im Zivilbereich immer größerer Beliebtheit, da die Systeme eine hinreichend genaue Präzision bei einem vergleichsweise günstigen Preis erzielen. Ein weiterer Aspekt sind die zahlreichen Anbau-, Zubehör- und Tuningteile, die insbesondere für AR- und AK-Plattformen verfügbar sind und somit die Möglichkeit einer umfassenden, individuellen Anpassung bieten.

Auch im jagdlichen Bereich finden sich immer öfter Selbstladebüchsen. Insbesondere in dynamischen jagdlichen Situationen bieten sie eine gute Möglichkeit, schnelle Folgeschüsse anzubringen. Wenn auch traditionell Selbstlader im jagdlichen Einsatz etwas befremdlich wirken, bieten sie gegenüber den althergebrachten Systemen deutliche

Vorteile in bestimmten Jagdsituationen auf kurze Distanzen. Die mögliche Doppelnutzung von Selbstladern in DMR-Konfiguration für den jagdlichen und sportlichen Einsatz stellt einen weiteren Reize für Schützen dar, die in beiden Welten zu Hause sind. Als Einschränkung wirkt die verfügbare Kaliberauswahl, die es nicht einfach macht, einen waidgerechten Energieeintrag im beschossenen Wild auf größere Entfernungen zu erreichen.

Der Einsatz eines DMR stellt besondere Herausforderungen an den Schützen. Werden DMR-Schützen im militärischen Bereich besonders qualifiziert und geschult, liegt die Verantwortung für Schulung und Inübunghaltung im Zivilbereich beim Schützen selber. Die Besonderheiten eines DMR erfordern ein intensives Auseinandersetzen mit der Materie, genaue Kenntnisse über das Leistungsspektrum der Waffe sowie die eigenen Fertigkeiten, Stärken und Schwächen. Gute Ausrüstung allein macht insbesondere mit dem DMR keinen guten Schützen.

Selbstladebüchsen mit Zielfernrohr werden meist umgangssprachlich als DMR bezeichnet. Tatsächlich definiert sich das DMR aber durch seinen Einsatzzweck.

ANSCHLAGSARTEN

Als Anschlag bezeichnet man die Körperposition, aus der Schüsse aus einer Schusswaffe auf ein Ziel abgegeben werden. Grundlegend unterscheidet man dabei zwischen den Höhen über dem Grund:

- stehend
- kniend
- sitzend
- liegend

Die Stabilität der Anschläge nimmt dabei von oben nach unten hin zu. In den jeweiligen Grundpositionen gibt es beliebig viele Unterteilungen und Abwandlungen mit und ohne Hilfsmittel, die Stabilität, Reaktionszeit oder Zielgenauigkeit beeinflussen.

Der bekannteste und am häufigsten genutzte Anschlag für Zielfernrohrgewehre ist der liegende Anschlag, gefolgt vom sitzenden Anschlag am Anschusstisch. Allerdings lassen sich gerade im freien Einsatz diese Anschläge nur selten oder nur mit viel Aufwand realisieren. Aus diesem Grund sollte man als ZF-Schütze die Grundanschläge beherrschen und in der Lage sein, aus ihnen sichere Schüsse abzugeben.

Für die Grundjustierung der Waffe bieten sich liegender oder sitzender Anschlag am Anschusstisch an, jedoch sollte man darüber hinaus die Justierung aus dem Anschlag kontrollieren, der im späteren Einsatz voraussichtlich am häufigsten genutzt wird, da die Körperposition sich je nach Anschlag leicht ändert.

Wichtig ist die Lagerung der Waffe im Anschlag. Häufig wird dafür ein Zweibein oder ein Rucksack genutzt. Allerdings erfordern diverse Positionen und Abwandlungen der Grundanschläge eine improvisierte Auflage, die das Schuss- beziehungsweise Rückstoßverhalten der Waffe verändern. Eine möglichst neutrale Lagerung sollte dabei angestrebt werden, um keine unnötigen Seiten- oder Torsionskräfte auf die Waffe zu bringen.

Die Nutzung des natürlichen Haltepunkts ist dabei von essenzieller Bedeutung, um die Waffe so auf das Ziel auszurichten, dass keine unnötigen Krafteinwirkungen erforderlich sind. Jede zusätzliche Krafteinwirkung stellt eine Störung des Gesamtsystems Waffe-Mensch dar, was sich vor allem bei Distanzschüssen negativ auf die Waffenposition und damit auf die Trefferlage auswirkt.

12.1 AUFGELEGTE / ANGESTRICHENE ANSCHLÄGE

Als aufgelegte und angestrichene Anschläge bezeichnet man all diejenigen Schusspositionen, bei denen der Vorderschaft auf oder an einem Objekt ruht. Dabei ist darauf zu achten, dass der Lauf stets frei schwingen kann, also nicht auf einem Untergrund auf- oder anliegt. Das Ziel ist es, die Waffe im Rückstoß

Aufgelegte Anschläge bieten eine höhere Stabilität und verringern die Muskelbeanspruchung beim Schützen. Dadurch wird eine höhere Zielgenauigkeit erzielt.

Angestrichene Anschläge nutzen vorhandene Elemente zur Stabilisierung, wenn die Waffe nicht aufgelegt werden kann.

gerade nach hinten laufen zu lassen und die Höhen- und Seitenabweichung auf ein Minimum zu reduzieren. Bei der Nutzung von Zweibeinen sollte entweder eine kraftneutrale Auflage oder eine Vollauslastung nach vorn (in das Zweibein lehnen) angestrebt werden. Letztere Variante erfordert eine entsprechende Körperposition in der Waffe.

12.2 SITZEND AM ANSCHUSSTISCH

Die Position sitzend am (Anschuss-)Tisch bietet hohe Stabilität und wiederholgenaue Körperpositionierung, weshalb dieser Anschlag für den Präzisionsschuss und das Justieren und Anschießen von ZF-Gewehren bevorzugt genutzt wird. Häufig verwendet man zusätzlich eine stabile Gewehrauflage, um die Präzision durch weitgehendes Ausschließen des menschlichen Faktors zu erhöhen. Man sollte jedoch darauf verzichten, da dabei die Justierung nicht auf die Eigenheiten des Schützen erfolgt, sondern auf ein neutrales Gerät, wodurch im späteren Einsatz körperliche Eigenheiten nicht berücksichtigt sind, was zu Ablagen führen kann.

Im sitzenden Anschlag am Anschusstisch ist eine hohe Stabilität bei gleichzeitig erhöhter Waffenposition gegeben. Dadurch werden viele Störfaktoren ausgeschlossen. Wichtig ist, dass die Körperachsen in einem spitzen Winkel zueinander stehen, um einen optimalen Anschlag und eine stabile Basis zu schaffen.

Die Position am Anschusstisch muss so gewählt werden, dass die Waffe ruhig und gerade im Anschlag liegt und dort gehalten werden kann, ohne unnötigen Kraftaufwand zu betreiben. Ellenbogen und Unterarm sollen vollflächig aufliegen und im hinteren Teil der Waffe ein stabiles Dreieck als Basis bilden. Die Schulterstütze liegt vollflächig in der Schultertasche an und wird von der Unterstützungshand in der Höhe gehalten. Dazu empfiehlt es sich, eine Sandsocke oder Säckchen zu nutzen, um über leichten Druck die Höhe zu regulieren. Damit ist gewährleistet, dass die Schulterstütze ohne direkte Krafteinwirkung der Hand gehalten wird.

Der Oberkörper wird in Schussrichtung in die Waffe gebracht und liegt möglichst gerade hinter der Waffe, ohne unnötig Kraft in die Waffe zu bringen. Die Beine bilden eine stabile Dreiecksbasis und ermöglichen so eine ruhige Position im sitzenden Anschlag. Die Position wird durch natürliche Körperspannung gehalten, ohne zusätzlich Kraft aufzuwenden. Im Schuss soll die Waffe gerade nach hinten laufen. Der Rückstoßkraft wird nur durch natürliche Körperspannung begegnet, ohne ihr aktiv entgegen zu arbeiten.

Die Waffenauflage ist so zu wählen, dass der Anschlag problemlos eingenommen werden kann. Insbesondere die Visierlinie darf durch eine zu hohe Auflage nicht erhöht werden, was ansonsten zu Anspannungen in der Hals- und Nackenmuskulatur führt. Dadurch wird der Anschlag nicht nur anstrengend, sondern führt zu ungleichmäßigen Einwirkungen auf die Waffe.

12.3 STEHENDER ANSCHLAG FREI

Der freie, stehende Anschlag wird immer dann genutzt, wenn schnell ein Schuss aus der Bewegung angebracht werden muss, keine Möglichkeit zum Anstreichen der Waffe an ein Objekt verfügbar ist oder die Umgebung keinen anderen Anschlag ermöglicht. Anders als beim praktischen Schießen gibt es in diesem Anschlag zwei Körperpositionen, abhängig von der vorhandenen Zeit für die Schussabgabe. Der seitliche L- Stand wird dann eingenommen, wenn ein einzelner Präzisionsschuss aus dem stehenden Anschlag abgegeben werden soll und die Zeit dafür vorhanden ist. Dabei wird der Körper seitlich zum Ziel eingedreht und im unteren Rücken „abgesetzt“. Dadurch wird die Oberkörpermuskulatur entlastet und kann für das Anschlagen der Waffe genutzt werden.

Die Waffe wird in der Schulter abgestützt und mit beiden Händen gehalten. Die Ellenbogen werden unter die Waffe gedreht und möglichst am Körper an-/abgelegt. Dadurch erhält die Waffe eine stabile Auflage, die auf dem Oberkörper ruht. Die Beine werden durch die seitliche Körperdrehung mit dem Standbein nach hinten versetzt gestellt. Der Fuß des Standbeins steht dabei im 90°-Winkel zum vorderen Fuß. Das Körpergewicht lastet auf dem hinteren Bein.

Dieser Anschlag ermöglicht hohe Stabilität im ansonsten relativ instabilen stehenden Anschlag. Er eignet sich jedoch nicht für schnelle Folgeschüsse, da der Oberkörper durch den Rückstoß seitlich gedreht wird. Somit muss für einen Folgeschuss die gesamte Position neu aufgebaut werden. Zudem ist die Beweglichkeit in der Zielverfolgung nur zur „offenen“ Körperseite hin möglich.

Der seitlich stehende Anschlag eignet sich für gezielte Einzelschüsse. Durch den Rückstoß erfolgt eine Impulsabgabe in die zurückgedrehte Schulter, was zu einer Destabilisierung des Körpers führt. Daher ist ein gezielter Folgeschuss nicht so schnell möglich.

Der frontale, stehende Anschlag eignet sich für schnell anzubringende, meist reaktive Schüsse auf plötzlich auftretende Ziele. Er findet zumeist Anwendung in dynamischen Situationen, in der Regel im taktischen Bereich, da hier auch schnelle, gezielte Schussfolgen möglich sind.

Der parallele Stand bietet die Möglichkeit einer schnellen Schussabgabe aus der Bewegung kommend als Reaktionsschuss. Dabei stehen die Füße parallel in leichter Schrittstellung, der Schwerpunkt ist nach vorn in den Schuss gerichtet. Der Oberkörper ist gerade zum Ziel ausgerichtet, Bauch- und Rückenmuskulatur leicht angespannt. Das Körpergewicht ruht gleichmäßig auf beiden Beinen, der Schwerpunkt wird auf die Vorderfüße verlagert (Vorwärtsbewegung).

Die Waffe liegt in der Schulter, leicht zur Körpermittelachse hin versetzt, um beim Anschlagen direkt in das Sehfeld zu gelangen. Die Waffe wird mit beiden Händen gehalten. Mit der Schusshand wird die Waffe in den Körper gezogen, während die Unterstützungshand die Waffe führt. Der Kopf wird leicht zwischen die Schultern gezogen und der Rücken leicht eingerollt, um mit dieser Körperspannung dem Rückstoß entgegen zu wirken.

Aus diesem Anschlag sind schnelle Reaktionsschüsse und Schussfolgen möglich, außerdem eine Zielverfolgung in beide seitlichen Richtungen.

12.4 STEHEND AUFGELEGT / ANGESTRICHEN

Der stehend aufgelegte oder angestrichene Anschlag bietet durch die Einbeziehung stationärer Objekte in den Anschlag eine Stabilitätserhöhung der Waffe beim Schuss. Dabei können alle Objekte genutzt werden, die dafür geeignet erscheinen, die Waffe im Anschlag darauf ruhen zu lassen (zum Beispiel Mauern, Balken, Bäume, Astgabeln etc.). Die Nutzung zusätzlicher Hilfsmittel zur Stabilisierung des stehend freien Anschlags fällt ebenfalls unter diese Anschlagsart.

Im angestrichenen Anschlag wird die Unterstützungshand als Auflage für den Vorderschaft der Waffe genutzt, während diese auf oder an einem stationären Objekt ruht. Zusätzlich kann durch das Ausklappen eines Zweibeins die Stabilität weiter erhöht werden.

Im angestrichenen Anschlag ruht das Körpergewicht auf der angelegten Handfläche, so dass der Körper nach vorn „in den Schuss" geneigt ist. Der abgewinkelte Daumen dient dabei als Waffenauflage.

12.5 AUFGELEGTER ANSCHLAG MIT ZIELSTOCK

Die Waffe wird mit dem Vorderschaft auf die Gabel des Zielstocks aufgelegt und mit der Unterstützungshand dort stabilisiert. Gleiches funktioniert mit Astgabeln, Mauern, Querbalken oder ähnlichen Objekten. Es ist dabei auf eine kraftneutrale Lagerung zu achten, da ansonsten die Waffe über die Unterstützung geschoben wird und somit keine Stabilität geschaffen werden kann.

Eine Gewehrauflage kann auch mit dem Trageriemen oder einer separaten Bandschlaufe improvisiert werden. Diese wird an einem stabilen Objekt befestigt und fungiert als Auflagemöglichkeit für den Vorderschaft. Auch dabei ist eine kraftneutrale Auflage wichtig, da ansonsten keine Stabilität erreicht werden kann. Diese Variante des stehenden Anschlags überträgt das Halten der Waffe auf den Riemen und erspart somit Körperkraft zum ruhigen Halten. So kann das Augenmerk auf das Führen der Waffe und den Zielvorgang gelegt werden.

Ein Dreibein oder Pirschstock bildet eine schnell nutzbare, stabile Waffenauflage.

Ein Riemen kann als hängende Gewehrauflage genutzt werden, wenn entsprechende Möglichkeiten, zum Beispiel ein Ast, Balken, Querträger oder ähnliches, gegeben sind.

12.6 SITZENDER ANSCHLAG

Der sitzende Anschlag sollte, wenn möglich, dem knienden Anschlag vorgezogen werden, um die Stabilität zu erhöhen. Im sitzenden Anschlag liegt das Hauptaugenmerk auf zwei Punkten:

- Schwerpunkt in Schussrichtung in die Waffe bringen
- Vermeiden der Positionierung von „Knochen auf Knochen“

Der erste Punkt lässt sich durch das in die Waffe lehnen leicht realisieren. Schwieriger ist es zu vermeiden, dass die Ellenbogen in diesem Anschlag auf den Kniegelenken liegen. Durch die Anpassung der Armhaltung und der Oberkörperposition kann das realisiert werden.

Der Ellenbogen sollte vor dem Kniegelenk oder hinter diesem im Bereich der anbindenden Muskulatur ruhen. Dadurch wird vermieden, dass zwei harte Gelenkknochen aufeinander liegen und sich übereinander verschieben können. Nur so kann ein ruhiger, stabiler Anschlag erreicht werden. Das ist vergleichbar mit einer Stahlkugel, die man auf einer harten Tischoberfläche oder im weichen Sand ablegt.

Unnötige Muskelanspannung, insbesondere in der Beinmuskulatur, sollte dabei vermieden werden. Ein Auflagekissen, ein Rucksack oder ähnliches unter den Beinen kann dabei als Auflage dienen und die Beinmuskulatur entspannen und gleichzeitig in der Höhe verändern.

12.7 LIEGENDER ANSCHLAG

Der liegende Anschlag ist der stabilste und am häufigsten genutzte Anschlag bei Zielfernrohrgewehren. Wenn es die Umstände ermöglichen, sollte dieser Anschlag eingenommen werden. Zur Erhöhung der Stabilität sollte die aufgelegte Variante genutzt werden.

Wenn keine Möglichkeit zur externen Stabilisierung vorhanden ist, kann die Stabilität durch Aufstützen des Unterstützungsarms erhöht werden. Dabei ist darauf zu achten, dass nicht „Knochen auf Knochen" gestützt werden.

Der liegende Grundanschlag erfolgt gerade hinter der Waffe. Die Arme bilden im hinteren Drittel der Waffe ein stabiles Dreieck, die Unterstützungshand führt dabei indirekt die Waffe über die Schulterstütze. Die Waffe liegt mit der Schulterstütze in der Schultertasche, der Kopf liegt gerade, ohne Kraftaufwand auf der Wangenauflage. Die Nacken- und Schultermuskulatur ist entspannt, Rücken- und Bauchmuskulatur haben keine unnötige Muskelspannung. Die Waffe liegt kraftneutral auf und wird durch die Körperposition auf das Ziel ausgerichtet (natürlicher Haltepunkt).

Bei der Nutzung eines Zweibeins erfolgt die Stabilisierung nicht durch Muskelkraft, sondern ausschließlich durch die Körperposition. Der Köper ist zur Waffe so positioniert, dass die Verlängerung der Visierlinie nach hinten auf der Innenseite des Knies verläuft. Somit ist eine effektive Kraftableitung möglich.

Die Körperhaltung erfolgt weitgehend ohne zusätzlichen Kraftaufwand, der sich negativ auf die Waffenposition auswirkt. Somit ist die Wiederholgenauigkeit des Anschlags gewährleistet, und die Treffergenauigkeit wird erhöht. Die

Anschlag seitlich abgewinkelt: Dabei kann aus einer Deckung heraus oder in ungünstigen topografischen Verhältnissen geschossen werden. Nachteilig ist, dass der Rückstoß nicht, wie beim gerade liegenden Anschlag, durch den Körper abgeleitet wird, sondern komplett in der Schulter verarbeitet werden muss.

Anschlag gerade hinter der Waffe liegend, Waffe aufgelegt: Durch die Unterstützungshand an der Schulterstütze kann in der Höhe und Seite gerichtet werden.

Anschlag gerade hinter der Waffe auf Zweibein: Durch das Zweibein wird eine punktuelle Auflage geschaffen, die ein seitliches Richten auf dem Drehpunkt erleichtert.

Atmung erfolgt als Bauchatmung. Dafür sollte der Bauch möglichst frei liegen. Die Atembewegung überträgt sich auf die Waffe, das ist bei der Schussabgabe zu beachten! Als Abwandlung kann für präzise Einzelschüsse der abgewinkelte Anschlag hinter einem Sichtschutz oder einer Deckung erfolgen.

12.8 STABILISIERTE ANSCHLÄGE

Zur Erhöhung der Stabilität und Förderung der Konzentration beim Schuss sollten Anschläge nach Möglichkeit aufgelegt oder angestrichen erfolgen. Dabei wird die Waffe auf einem Untergrund oder einer Unterstützung (zum Beispiel Zweibein, Stativ etc.) aufgelegt, um den Kraftaufwand zum Halten der Waffe zu verringern oder ganz zu eliminieren. Neben diesem Entlastungseffekt bietet das Auflegen/Anstreichen der Waffe einen massiven Zugewinn an Stabilität im Anschlag. Dabei sind jedoch einige Aspekte zwingend zu beachten:

- Waffen IMMER am Schaft auflegen/anstreichen, NIEMALS auf dem Lauf
- je breiter die Auflagefläche, um so stabiler der Anschlag
- die Waffenbewegung im Schuss soll noch möglich sein (kein „Schraubstock“)
- die Auflage muss so beschaffen sein, dass die Mündung frei liegt und der Schuss frei abgegeben werden kann

RUCKSACKAUFLAGE

Ein Rucksack sollte für Zielfernrohrgewehrschützen als Transport- und Unterstützungsutensil ein selbstverständlicher Begleiter sein. Gerade für Jäger und behördliche Anwender bietet sich der Rucksack als Auflage an. Mit ihm kann eine sehr stabile und sichere Unterlage geschaffen werden, die sich auch an unebene Untergründe hervorragend anpassen lässt und damit optimale Voraussetzungen für einen gezielten Schuss bietet.

AUFLAGESTOCK / STATIV

Auflagestöcke und Stative bieten eine gute Möglichkeit, die Waffe in einer Schussposition stabil und sicher im Anschlag zu fixieren. Sie müssen jedoch

Durch die breite, anpassungsfähige Auflage wird eine hohe Stabilität erreicht, da der Schaft fast komplett gestützt wird. Wichtig ist, dass keinesfalls der Lauf aufgelegt wird, um ein Schwingen beim Schuss zu ermöglichen.

Eine punktuelle Waffenauflage ermöglicht die Entlastung des Schützen bei erhaltener seitlicher Bewegungsfreiheit (zum Beispiel zum Mitrichten mit beweglichem Ziel).

immer extra mitgeführt werden und lassen sich in den seltensten Fällen kompakt zusammenlegen. Jedoch bieten diese Hilfsmittel gerade bei Winkelschüssen eine hervorragende Unterstützung und ermöglichen sehr stabile und gezielte Anschläge.

FREI AUFGELEGT

Es kann vorkommen, dass man als Schütze keine andere Möglichkeit hat, als die Waffe frei aufzulegen, ohne eine zusätzliche Auflage (Rucksack etc.) nutzen zu können. Zum Beispiel dann, wenn die Silhouette möglichst klein gehalten werden muss oder der Schusskanal so klein bemessen ist und von Hindernissen beeinflusst wird, dass keine andere Schussposition möglich ist.

Derartige Zwänge sollte man für einen gezielten Schuss zwar möglichst vermeiden, aber in manchen Fällen diktiert die Situation die Möglichkeiten. In diesen Fällen kommen viele Faktoren zusammen, die es zu beachten gilt:

- In der Regel liegen harte Materialien aufeinander, was heißt, dass es nur einen geringen Reibungswiderstand gibt, der somit die Bewegung der Waffe im Schuss erhöht.
- Die Waffe ist um 90° gedreht aufgelegt, was bedeutet, dass entsprechende Korrekturen im Ablesen des Strichbilds im ZF notwendig werden (zum Beispiel Vertauschen der Höhen und Seitenachsen, damit verbunden das Vertauschen von Höhen und Seitenjustierung).
- Es ist darauf zu achten, dass die Auswurföffnung nicht in Richtung der Auflage zeigt, um Störungen an der Waffe zu vermeiden.

ZWEIBEIN

Das bekannteste Unterstützungsmittel an Zielfernrohrgewehren ist das Zweibein. Es ist fest verbunden mit der Waffe und bietet immer und überall eine sichere, punktuelle Auflagemöglichkeit. Das Zweibein ermöglicht die Stabilisierung auf unterschiedlichsten Untergründen, bedarf jedoch entsprechender Voraussetzungen, um wirklich effektiv genutzt werden zu können. So ist eine weiche Auflage oder eine entsprechende Fixiermöglichkeit nötig, um ein Ver-

Um im taktischen Bereich die Shilhouette möglichst klein zu halten, kann die Waffe um 90° seitlich gedreht aufgelegt werden. Dabei ist darauf zu achten, dass Bedienelemente und Hülsenauswurf frei liegen, um Störungen zu vermeiden. Dieser Anschlag stellt höhere Ansprüche an den Schützen, da dabei ein Umdenken bei der Zielerfassung nötig ist.

Zweibeine sind eine einfache und etablierte Möglichkeit, eine Waffenauflage mitzuführen. Beim Einsatz ist darauf zu achten, dass harte Untergründe ohne zusätzliche Festlegung dazu führen, dass Zweibeine verrutschen.

rutschen auf festen Untergründen zu verhindern. Zudem stellt es eine punktuelle Unterstützung der Schusswaffe dar und beeinflusst den Verkantungs- und Drehbereich der Waffe, je nach Position der Montage (je weiter zum Griff hin montiert, umso größer der Drehbereich, aber auch umso geringer die Stabilisierung).

NUTZUNG EINES TRAGERIEMENS / SCHIESSRIEMENS

Der Trageriemen oder Schießriemen kann in den verschiedenen Anschlägen, insbesondere im freien stehenden und knienden/sitzenden Anschlag, zur Stabilisierung der Waffe genutzt werden. Dabei ist jedoch zu beachten, dass bei der Nutzung Zug auf den Vorderschaft gebracht wird, der bei übermäßiger Be-

Trageriemen können, richtig genutzt, die Stabilität im Anschalg erhöhen und die Unterarmmuskulatur entlasten. Dazu ist es notwendig, den richtig eingestellten Riemen fest um den Oberarm zu legen und Spannung darauf zu bringen.

anspruchung zu Ablagen führt, da der Lauf dabei beeinflusst wird. Um das zu vermeiden, ist der Zug nur soweit aufzubauen, dass der Schaft nicht gegen den Lauf gezogen wird. Insbesondere bei frei schwingenden Läufen sollte das beachtet werden.

Um den Trageriemen als Stabilisierung zu nutzen, wird dessen Länge so eingestellt, dass er bei der Nutzung leichten Zug ausübt und so einen zusätzlichen Haltepunkt bildet. Dazu wird mit dem Unterstützungsarm von oben so durch den Riemen gegriffen, dass dieser hoch am Oberarm anliegt. Im Anschluss wird der Arm einmal um den Riemen gelegt, so dass dieser von innen nach außen an der Hand vorbei läuft.

Um das etwas bequemer zu gestalten, empfiehlt es sich, dem Riemen im vorderen Bereich eine halbe Drehung zu geben, so dass dieser glatt an der Hand anliegt. In dieser Position entsteht im Anschlag ein spürbarer Zug auf den Oberarm, wodurch der Vorderschaft der Waffe gehalten und stabilisiert wird.

Ein Schießriemen erzielt die gleiche Wirkung, indem eine Schlaufe fest um den Oberarm gezogen wird. Da dabei die Stabilität nur durch die Schlaufe am Oberarm erzeugt wird, ist diese Variante für den dauerhaften Gebrauch eher unangenehm, weshalb reine Schießriemen inzwischen eher selten genutzt werden. Vielfach wird eine Kombination aus Trageriemen mit einer zusätzlichen Schießriemenschlaufe versendet, die die Stabilität durch Oberarmschlaufe und Fixpunkt am Hinterschaft erzeugen.

RICHTIGE HANDHALTUNG

Der Daumen liegt bei einer natürlichen Handhaltung den anderen Fingern der Hand gegenüber. Als Folge des Greifreflexes passiert es, dass insbesondere bei Bewegungen des Zeigefingers sich der Daumen ebenfalls bewegt, um einen festen Griff zu erreichen. Diesem intuitiven Reflex entgegen zu wirken, erfordert Konzentration und Übung. Diese Konzentration sollte beim Präzisionsschießen jedoch besser auf den Zielvorgang und die Schussauslösung verwendet werden.

Um diesen Reflex zu unterbinden, sollte der Greifreflex gar nicht erst ausgelöst werden. Dazu bedient man sich einer einfachen Methode der Handhaltung: Der Daumen wird nicht wie gewohnt um das Griffstück gelegt, sondern von oben auf das Griffstück beziehungsweise auf die gleiche Seite wie die Handfläche.

Zudem wird die Hand mit den übrigen Fingern nicht um das Griffstück geschlossen, sondern nur auf dem Griffstück aufgelegt. Auf diese Weise wird der Abzugsfinger „isoliert“ und zeitgleich verhindert, dass die Waffe über Kraftaufwand der Schusshand geführt wird. Durch die lockere Handhaltung wird es darüber hinaus möglich, den natürlichen Drehwinkel der Hand von etwa 6° einzunehmen, ohne dabei eine externe Kraft auf das System zu bringen.

Diese Handhaltung kann immer dann angewandt werden, wenn die Waffe ruhig und stabil aufgelegt werden kann. In allen anderen Fällen ist ein Kraftaufwand durch die Schusshand erforderlich, um die Führung der Waffe zu gewährleisten. Dabei sollte jedoch darauf geachtet werden, dass die Schusshand sich nicht um das Griffstück verkrampft.

Gerade bei Selbstladebüchsen ist aufgrund der Griffform, des steileren Griffwinkels und der Position der Sicherung eine Vorspannung im Handgelenk gegeben, was bereits zu einer Kraftübertragung auf die Waffe führt, so dass eine Anpassung der Handhaltung hier kaum eine Verbesserung erzielt.

Um Bewegung bei der Schussauslösung zu vermeiden, sollte der Griff spannungsfrei erfolgen. Dazu liegen Daumen und Abzugsfinger auf der selben Seite des Griffs, die Fingerspitzen sitzen auf der Griffvorderseite.

Bei Pistolengriffen kann es notwendig sein, den spannungsfreien Griff erst nach notwendiger Betätigung von Bedienelementen (zum Beispiel Sicherung) zu etablieren. Das gilt natürlich nicht für reaktive Situationen.

13.1 RICHTIGE POSITION DES ABZUGSFINGERS

Im direkten Zusammenhang mit der Handhaltung steht die Positionierung des Abzugsfingers auf dem Abzug. Ein falsch positionierter Abzugsfinger führt auch bei geringen Abzugsgewichten zu seitlichen Krafteinwirkungen auf den Abzug und damit auf die Waffe, was zu seitlichen Bewegungen der Waffe während der Schussabgabe führt. Das Resultat dieser Krafteinwirkung ist eine seitliche Ablage oder gar ein Fehlschuss (Verreißen des Schusses).

Um den Abzug wirklich gerade nach hinten zu bewegen und das Brechen des Schusses kontrolliert einzuleiten, ist es erforderlich, den Abzugsfinger mit dem sensiblen Teil des ersten Fingerglieds gerade auf dem Abzug zu platzieren. Auf

Um beim Abkrümmen eine gleichmäßige Bewegung zu ermöglichen, muss der Abzugsfinger korrekt platziert werden. Das bedeutet, den sensiblen, mittleren Teil des ersten Fingerglieds mittig auf dem Abzug zu platzieren. Der Rest des Abzugsfingers sollte den Schaft nicht berühren.

ÜBUNG: TROCKEN ABKRÜMMEN

- Positioniere dich im liegenden Anschlag und richte die Waffe korrekt auf das Zielkreuz aus
- Stelle das Zielfernrohr auf die größte Vergrößerung, bei der das Zielkreuz noch klar zu erkennen ist
- Spanne die entladene Waffe und achte auf eine weiterhin korrekte Ausrichtung der Waffe
- Etabliere den kraftfreien Griff an deiner Waffe
- Positioniere den Abzugsfinger korrekt und krümme den Abzug kontrolliert ab
- Achte während des Abkrümmens auf die Bewegung des Zielkreuzes innerhalb der Markierung
- Wiederhole die Übung mit einem kraftvollen Griff/falsch positioniertem Abzugsfinger und vergleiche die Bewegungen während der Schussauslösung sowie das subjektive Schussgefühl

diese Weise sind auch kleine Bewegungen des Abzugs spürbar und die Kontrolle über die gerade Abzugsbewegung erst möglich. Eine abweichende Positionierung des Abzugsfingers führt unweigerlich zum seitlichen Drücken/Ziehen des Abzugs und damit zu ungewollten Bewegungen der Waffe.

13.2 RICHTIGE ATMUNG

Die Atmung spielt beim Schießen mit Zielfernrohrgewehren eine wesentliche Rolle, da sie sich unweigerlich als Bewegung auf die Waffe auswirkt. Durch die direkte Verbindung der Waffe mit dem Oberkörper kann dieser Einfluss nur dann unterbunden werden, wenn die Atmung eingestellt wird. Da wir als Menschen jedoch auf diese Körperfunktion angewiesen sind, ist das Anhalten des Atems keine dauerhafte Option.

Aus diesem Grund gilt es, die Atmung beim Schuss zu kontrollieren und gezielt zu steuern. Dazu bedient man sich einer ruhigen und kontrollierten Atemtechnik, bei der der Körper entspannt und gleichmäßig bewegt wird. Diese Bewegung wirkt sich im Optimalfall nur durch eine Auf- und Abwärtsbewegung der Zielmarkierung über dem Ziel aus.

Der menschliche Atemzyklus in Ruhe gibt einem Zielgewehrschützen ein Zeitfenster von etwa drei bis fünf Sekunden, in denen die sogenannte Atempause stattfindet – die Pause zwischen der Ausatmung und der erneuten Einatmung. Je unruhiger beziehungsweise angestrengter der Körper ist, sei es durch physische oder psychische Beanspruchung, um so mehr Sauerstoff muss zu den betreffenden Körperpartien und Organen transportiert werden, was zu einer erhöhten Herzfrequenz und zu schnellerer Atmung führt, was die Atempause entsprechend verkürzt. Die Kunst, stressresistent zu agieren und sich selbst bewusst in einen Ruhezustand zu bringen, ist für Zielfernrohrgewehrschützen also eine Notwendigkeit, um einen kontrollierten Schuss anzubringen.

Wird die Waffe korrekt ausgerichtet, kommt die Zielmarkierung bei der atmungsbedingten Auf- und Abwärtsbewegung in der Atempause genau auf dem Haltepunkt zur Ruhe. Dieser Moment ist für den Schützen das Zeichen, die Schussauslösung zeitnah zu initiieren.

Bei dieser Technik ist es nicht nötig, den Atem für die Schussabgabe anzuhalten. Anders sieht es aus, wenn die Schussauslösung fremdgesteuert, zum Beispiel auf ein Signal erfolgen muss. In diesem Fall ist eine kontrollierte Steuerung der Atmung gegebenenfalls nötig: Hier wird aus der ruhigen Atmung der nächste Atemzug genommen und etwa zu zwei Drittel ausgeatmet, bevor der Atem angehalten wird. Von diesem Punkt an bleiben – abhängig von körperlicher Konstitution und Fitness – zwei bis vier Sekunden für die Schussauslösung, bis der Körper beginnt, in den anaeroben Bereich zu fallen und unruhig zu werden.

13.3 BEWEGUNG IM ZIEL

Häufig wird für das Schießen von Zielfernrohrgewehren behauptet, die Mündungsbewegung müsse auf Null reduziert werden. Aufgrund der Tatsache, dass es sich bei einem Schützen um ein menschliches Wesen und nicht um eine Maschine handelt, ist das praktisch nicht möglich. Durch Muskelkontraktionen, Atmung, Reaktion auf äußere Einflussfaktoren, Witterung und andere Faktoren kommt es immer zu Mündungsbewegungen. Das führt dazu, dass die Zielmarkierung auf dem Ziel niemals absolut ruhig bleibt.

Wenn die Bewegung also nicht ausgeschlossen werden kann, bleibt nur übrig, diese auf ein Minimum zu reduzieren. Durch korrekte Positionierung im Anschlag, Reduzierung der externen Krafteinwirkung auf die Waffe durch Nutzung des natürlichen Haltepunkts, korrekte Handhaltung, kontrolliertes Abkrümmen sowie die kontrollierte Atmung ist es möglich, die Bewegung im Ziel soweit zu reduzieren, dass eine Schussauslösung auf dem gewünschten Haltepunkt problemlos möglich ist. Das Ziel ist also nicht, krampfhaft die Mündungsbewegung zu unterbinden, sondern diese kontrolliert so zu reduzieren, dass ein sicherer Schuss angebracht werden kann.

ANWENDUNGEN IM SPORT

Im Schießsport finden Gewehre mit Zielfernrohr Anwendung in den unterschiedlichsten Disziplinen. Dabei kann man grundsätzlich zwischen den rein statischen Disziplinen mit bekannten Zielentfernungen und jenen unterscheiden, bei denen die Zielentfernungen unbekannt sind oder variieren. Darüber hinaus sei noch die Benchrest-Disziplin erwähnt, die aufgrund ihrer speziellen Anforderungen, die Stoff für ein eigenes Buch liefern, hier nicht in aller Tiefe beleuchtet werden kann.

Wie bereits erwähnt, stellen unterschiedliche Anwendungen auch unterschiedliche Anforderungen an das Material. Sei es nun Vergrößerungsfaktor, Absehen, Bauart oder Schussfestigkeit von Glas und Montage, der Markt bietet für jedes Anforderungsprofil aus der Kombination Schütze-Waffe mindestens eine adäquate Lösung – und viele Möglichkeiten, sich darüber hinaus in Kosten zu stürzen. Hier sei auf das Kapitel über Auswahl und Montage von Zielfernrohren verwiesen. Im Folgenden betrachten wir beispielhaft drei Sportdisziplinen, bei denen ZF-Gewehre Anwendung finden.

14.1 DISZIPLIN 100 METER PRÄZISION

Die traditionell am weitesten verbreitete Disziplin ist das 100-Meter-Präzisionsschießen. Diese Disziplin wird je nach Schießsportverband unterschiedlich benannt, zeichnet sich aber dadurch aus, dass folgende Grundbedingungen eingehalten werden:

- stabiler Anschlag (liegend/ sitzend)
- definierte, nicht veränderliche Zielentfernung
- klar definiertes Zielmedium
- genormte Zielgröße

Bei dieser Disziplin geht es um das Erreichen einer möglichst hohen Ringzahl, in der Regel ohne Zeitbegrenzung. Die benötigte Ausrüstung dafür ist nicht besonders umfangreich, da die Bedingungen sehr konstant sind und daher im Vorfeld eindeutig definiert werden können.

Aus diesem Grund kann die Ausstattung sehr einfach gehalten werden, zum Beispiel mit einem Zielfernrohr mit fester Vergrößerung, einem einfachen, unkomplizierten Absehen und einer entsprechenden Absehenlage. Man braucht auch keine hochenergiereichen Kaliber. Selbst .223 Rem oder .308 Win bringen auf diese Distanz mehr als genügend Leistung. Deutlich energiereichere Munition ist in diesem Bereich sogar kontraproduktiv, da auf die kurze Distanz gegebenenfalls noch keine ausreichende Stabilisierung des Geschosses erfolgt. Also kann man sich auf das Wesentliche beschränken:

- Zielfernrohr mit fester Vergrößerung (ausreichend ist eine 4- bis 6-fache Vergrößerung, die ein klares Bild des Ziels liefert, ohne dass das Absehen das Ziel verdeckt)
- Schussfeste Montage (die Montage muss die auftretenden Kräfte beim Schuss verkraften, ohne sich dabei zu lösen oder das aufgenommene Zielfernrohr frei zu geben)
- einfaches Absehen (zum Beispiel Absehen 1, Absehen 4)

Das Absehen dient nach der Justierung und dem Überprüfen der Treffpunktlage rein der Ausrichtung auf das Ziel. Eine Kompensation von Zielbewegung oder Wind sowie eine Zielgrößenermittlung sind nicht erforderlich. Zusätzliche Elemente im Absehen wirken dabei nur störend und bieten darüber hinaus keine Vorteile. Da diese Disziplin in der Regel unter kontrollierten Bedingungen stattfindet, kann man auch auf ein beleuchtetes Absehen verzichten.

Folglich ergibt sich ein deutliches Einsparpotenzial, was unter Umständen Finanzmittel für Waffe, Montage, Munition und insbesondere Training freigibt. Ähnlich verhält es sich bei anderen Schießsportdisziplinen, die vergleichbare Grundanforderungen stellen.

Man sollte sich im Vorfeld gründlich mit der Waffen-/Kaliberauswahl beschäftigen und sich darüber im Klaren sein, dass einige „Modekaliber“ für die meisten sportlichen Anwendungen schlichtweg ungeeignet sind und nur unnötig die Kosten in die Höhe treiben. So sind zum Beispiel die größeren .30 Kaliber, bis hin zu .338 LM oder auch .50 BMG, interessant zu schießen, aber für Schussweiten, wie sie im sportlichen Bereich zumeist anzutreffen sind, völlig ungeeignet.

Die Stabilisierungsphase dieser Geschosse überschreitet im Flug in der Regel die Zielentfernung. Zudem haben derartige Kaliber einen sehr hohen Energieeintrag im aufnehmenden Medium, was zu einem deutlich höheren Verschleiß der Geschossfänge führt.

Für statische Sportdisziplinen braucht man keine Scharfschützenausrüstung. Ein gutes Gewehr, ein Spektiv für die Trefferauswertung sowie Gehörschutz und Datenbuch reichen aus.

Nichtsdestotrotz gibt es natürlich einige Disziplinen, die aufgrund der Vorgaben bezüglich Kaliber oder Waffenart keine Auswahlmöglichkeiten bieten. In diesen Fällen handelt es sich jedoch meist um ältere Ordonanzkaliber wie zum Beispiel 30-06 oder 8x57.

Die weitere Ausrüstung für diese statischen Disziplinen hat keinen großen Umfang:

- Futteral für die Waffe (kann gegebenenfalls auch als Schießmatte dienen)
- Munitionsbox
- Waffenauflage (Sandsack/ Rucksack, Auflagebock etc.)
- persönliche Schutzausstattung (mindestens Gehörschutz)

Je nach persönlichen Vorlieben und Bedürfnissen kann man schon mit relativ geringem finanziellem Aufwand eine Ausrüstung zusammenstellen, die dem Zweck voll entspricht. Auch hier gilt der Grundsatz, dass Ausrüstung nicht die praktischen Fertigkeiten ersetzt. Im Gegensatz dazu steht beispielsweise das Benchrest-Schießen, wo es vor allem auf die Abstimmung der Waffenkomponenten aufeinander und mit der Munition ankommt. Dabei geht es darum, einen möglichst geringen Streukreis zu erzielen, was umfangreiche Berechnungen, Abstimmungen und Tests erfordert – und einen weitgehenden Ausschluss des menschlichen Faktors als Fehlerquelle beim eigentlichen Schuss.

14.2 FIELD-TARGET-SCHIESSEN

In den letzten Jahren hat sich immer mehr eine Disziplin etabliert, die ganz andere Anforderungen an Schützen und Material stellt als die klassischen, statischen Disziplinen. Die höheren physischen, psychischen und kognitiven Anforderungen sind der Grund dafür, dass das Field-Target-Schießen sich in den letzten Jahren durchgesetzt hat und gerade jüngere Generationen mehr anspricht als die klassischen Schießsportdisziplinen.

Beim Field-Target-Schießen hängt die Ausrüstung von den Ambitionen ab. Für den Einstieg genügt ein Luftgewehr mit einem guten Zielfernrohr, möglichst mit mil-Absehen und Parallaxenverstellung, sowie hochwertige Munition. Das Datenbuch ist aufgrund der witterungsanfälligen Munition besonders wertvoll.

Beim Field Target werden Zielsilhouetten mit speziellen Trefferzonen in unterschiedlichen Größen genutzt. Nur ein Treffer in der Trefferzone löst den Fallmechanismus aus.

Beim Field Target geht es darum, mit einem Luftgewehr auf einem Parcours mit mehreren Stationen in einer natürlichen Umgebung Ziele auf unterschiedliche Entfernungen zu treffen, was häufig auch durch eine zeitliche Begrenzung zusätzlich erschwert wird. Hier spielen diverse Faktoren eine Rolle, die erhöhte Anforderungen an das Material stellen:

- wechselnde Umweltfaktoren, die das extrem leichte und windanfällige Geschoss unterschiedlich beeinflussen
- teils unbekannte, wechselnde Anschlagsarten
- variierende Zielentfernungen, auch innerhalb einzelner Stationen im Parcours
- begrenzte Leistung in Verbindung mit leichten Geschossen
- variierende Zielgrößen in Verbindung mit sehr kleinen Zielbereichen
- unbekannte Zielentfernungen

Unterschiedliche und unbekannte Zielentfernungen machen zum Beispiel eine variable Vergrößerung der Zielfernrohre nötig und gegebenenfalls ein umfangreicheres Absehen, um verschiedene Variablen wie Wind oder Geschossabfall schnell zu kompensieren.

ZIELFERNROHR MIT FEIN JUSTIERBAREM PARALLAXENAUSGLEICH

Da der Faktor Zeit beim Field Target eine wesentliche Rolle spielt, bietet es sich an, möglichst viele Tätigkeiten mit dem Sportgerät durchführen zu können. Dazu zählt zum Beispiel die Entfernungsermittlung zum Ziel. Dazu wird im Field Target in der Regel der Parallaxenausgleich genutzt, in Verbindung mit einem fein justierten Einstellrad, das zumeist selbst erstellt ist und selbst ermittelte Entfernungsmarkierungen aufweist.

ABSEHEN MIT HILFSMARKIERUNGEN

Da die Zielentfernungen variieren und die ballistische Flugkurve der genutzten Geschosse mit zunehmender Entfernung stark abfällt, bieten sich Absehen mit einfachen Hilfsmarkierungen (zum Beispiel einfache mil-Absehen) zur Nutzung an. Mit diesen können aus gesammelten Werten Geschossabfall und Windabweichung schnell kompensiert werden, ohne am Glas nachjustieren zu müssen.

MONTAGE

Je nach verwendetem Antriebssystem können gegebenenfalls Prellschläge beim Schuss auftreten, die durch die Montage verkraftet werden müssen, ohne den festen Sitz auf der Waffe zu verlieren. Die auftretenden Impulskräfte können dabei stellenweise die von Großkaliberpatronen erreichen. Weiterhin kann die extrem abfallende ballistische Flugkurve der Geschosse es erfordern, eine vorgeneigte Montage zu nutzen, um den Justierbereich zu erhöhen.

VARIABLE VERGRÖSSERUNG

Durch die kleinen Zielbereiche und variablen Zielentfernungen lässt sich die Nutzung einer variablen Vergrößerung kaum vermeiden. Insbesondere wenn Ziele in einem Sektor unbekannt positioniert wurden, kommt dem Zielfernrohr neben der eigentlichen Aufgabe des Zielens noch die Rolle als Beobachtungsgerät zu. Je größer dabei das Sehfeld ist, umso schneller lassen sich Ziele im Sektor ausmachen und durch Hineinzoomen gezielt beschießen. Zur Vereinfachung bietet sich dabei auch die Wahl der Absehenlage in der ersten Bildebene an. Dadurch kann Zeit effektiv genutzt und unnötige Umrechnungen vermieden werden.

LICHTSTÄRKE

Um auch unter widrigen Witterungsverhältnissen ein gutes Zielbild zu erhalten, sollte ein Zielfernrohr für das Field-Target-Schießen möglichst lichtstark und hoch vergütet sein. Somit lässt sich ausschließen, dass ein Ziel bei schlechten Sichtverhältnissen nicht oder nur ungenügend genau erkannt und beschossen werden kann.

Insbesondere die Tatsache, dass in dieser Disziplin mit Luftdruckwaffen geschossen wird, stellt sehr hohe Anforderungen an die Fertigkeiten, da die Bleigeschosse nur ein sehr geringes Gewicht aufweisen und somit auf Witterungseinflüsse und Umweltfaktoren sehr sensibel reagieren. Die Ermittlung verlässlicher Daten unter verschiedensten Bedingungen ist dabei also Pflicht. Das Führen eines Schussdatenbuchs und die Darstellung der wesentlichen Ergebnisse in einer übersichtlichen Kurztabelle zur schnellen Schusslösungsermittlung bieten hier große Vorteile.

Weiterhin sollten zur Ausstattung gehören:

- wetterfeste Kleidung (diese kann sich auf Anschlag und Beweglichkeit in den Anschlägen auswirken)
- Waffenauflage / Zweibein, Monopod etc. (vielfach werden spezielle Auflagehilfen angeboten, die einen ruhigeren Anschlag ermöglichen sollen – über Sinn und Zweck muss jeder selber entscheiden)
- Waffenfutteral zum Schutz von Waffe und Optik (kann auch als Schießmatte genutzt werden)
- Munitionsbox (vor allem die weichen Bleigeschosse ändern ihre ballistischen Eigenschaften bereits durch geringste Verformungen)

Der Markt bietet diverse Zusatzausstattung, über deren Sinn und Zweck im Einzelfall entschieden werden muss. Bei allen Anschaffungen sollte man jedoch beachten, dass jeder Ausrüstungsgegenstand beim Field-Target-Schießen im Parcours von Station zu Station mitgeführt werden muss. Die Regel „KISS“ (keep it simple, stupid) sollte daher stets beachtet werden. Das Field-Target-Schießen erfordert vor allem Können und Konzentration, weniger Ausrüstung.

14.3 LONG-RANGE-SCHIESSEN

Die wohl anspruchsvollste sportliche Schießdisziplin ist das Long-Range-Schießen. Dabei werden Ziele in großen Entfernungen aus unterschiedlichen Anschlägen beschossen. Naturgemäß findet diese Disziplin in den seltensten Fällen in geschlossenen Schießanlagen statt, da entsprechende Zielentfernungen dort nicht realisierbar sind.

Der Name Long Range ist dabei nicht willkürlich gewählt, sondern bezeichnet tatsächlich die Langdistanz. Dabei spricht man nicht von 200 oder 300 Metern, sondern von Distanzen zwischen 600 und 1500 Metern.

Derartige Zielentfernungen stellen völlig andere Anforderungen an Mensch und Material. Hier tummeln sich die großen, energiereichen Kaliber mit entsprechenden Waffen, da diese hier auch ausgereizt werden können. Gerade die Grenzbereiche stellen dabei eine Herausforderung und damit die interessanten Aspekte dieser Disziplin dar:

- zumeist liegender Anschlag, jedoch auch variabel (kniend, sitzend, stehend angestrichen etc.)
- große, variable Zielentfernungen
- variable Zielgrößen
- wechselnde Witterungs- und Umwelteinflüsse
- zusätzliche Einflussfaktoren durch wechselnde Einflusszonen innerhalb des Geschossfluges
- hohe Belastung von Schützen und Material durch energiereiche Munition
- statische und dynamische Ziele

Beim Long-Range-Schießen kann man ohne weiteres den Gegenwert eines Mittelklasseautos ins Sportgerät und die zugehörige Ausrüstung investieren. Auch wenn es primär um die Fertigkeiten als Schützen geht, stellt diese Disziplin hohe Anforderungen, die durch die Ausrüstung erfüllt werden müssen.

VARIABLE, GROSSE VERGRÖSSERUNG

Für Positionsermittlung und Zielen auf große Entfernungen bedarf es großer Vergrößerungen des Zielfernrohrs, um die Ziele überhaupt sehen zu können. 1/100 der Zielentfernung als Vergrößerungsfaktor kann dabei als grober Richtwert dienen: 1000 Meter Entfernung = Vergrößerung 10-fach.

HOHE LICHTSTÄRKE

Je höher der Vergrößerungsfaktor ist, umso lichtstärker muss das Zielfernrohr sein, damit bei großen Vergrößerungen noch genügend Licht für ein klares Zielbild zur Verfügung steht.

ABSEHEN

Das Absehen sollte so beschaffen sein, dass es schnelle Kompensation und die Zielentfernungsermittlung in kurzer Zeit ermöglicht. Dazu sind spezielle Long-Range-Absehen auf dem Markt erhältlich, die auf verschiedenen mil-Absehen basieren. Vielfach finden auch militärisch/behördlich genutzte Zielfernrohre mit entsprechenden Absehen Anwendung. Begründet durch den Zeitaspekt, der beim Long-Range-Schießen immer öfter in die einzelnen Stationen implementiert wird, finden vor allem Absehen in der ersten Bildebene Anwendung, da dabei verschiedene Nutzungen deutlich vereinfacht werden.

MONTAGE

Je nach verwendeter Waffe und genutzter Munition kommt man beim Long-Range-Schießen in die Grenzbereiche der Munition, in denen die Geschossflugbahn stark abfällt. Wie auch beim Field Target ist dabei eine Vorneigung der Montage nötig, um den Justierbereich entsprechend den Anforderungen zu erhalten oder zu erhöhen.

Zusätzlich werden für das Long-Range Schießen energiereiche Munitionssorten verwendet, die in der Schussauslösung entsprechend hohe Kräfte entwickeln. Das gesamte Material muss auf diese Kräfte hin ausgelegt sein, insbesondere die Zielfernrohrmontage. Auf diese Weise können Fehler durch gelöste Montagen oder Gläser vermieden werden.

WAFFENAUFLAGE

Je größer die Schussentfernung, umso höher die resultierende Abweichung bei kleinsten Unregelmäßigkeiten. Auch wenn die Ziele vergleichsweise große Ausmaße haben, so stellt das Treffen auf große Entfernungen eine Herausforderung dar. Aus diesem Grund sollte man versuchen, die Einflussfaktoren so weit

Um leichte Höhenkorrekturen bei sicherer Schaftauflage zu ermöglichen, kann ein Sandsäckchen oder eine Sandsocke genutzt werden. Dabei wird durch leichtes Zusammendrücken oder Entlasten mit der Unterstützungshand die Höhe korrigiert.

zu minimieren, wie es irgend möglich ist. Zum Stabilisieren des Waffensystems im Anschlag gibt es viele Möglichkeiten. Neben dem klassischen Zweibein und einem Monopod am Schaft kommen häufig Sandsäcke in unterschiedlichen Größen zum Einsatz. Insbesondere für die Höhenkorrektur bieten sich kleine, mit Sand oder anderem gekörnten Material gefüllte Säckchen als Unterlage für die Schulterstütze an. Diese bieten eine breite Verbindung zum Untergrund und ermöglichen durch leichte Druckveränderung mit der Unterstützungshand eine Feinjustierung der Höhe im Anschlag.

SCHIESSMATTE

Ebenfalls kaum noch wegzudenken sind Schießmatten, die häufig an die eigenen Bedürfnisse angepasst werden. Neben dem Schutz vor Schmutz und Feuchtigkeit lassen sich Schießmatten oft als Transporttasche oder Waffenfutteral nutzen. Ergänzt werden die Matten vielfach durch Halteschlaufen zur schnellen Bereitstellung von Patronen im Anschlag, Taschen oder Halteschlaufen für die Halterung eines Zweibeins im Anschlag oder Klarsichttaschen zur Aufnahme von Datenblättern und Korrekturwerten.

SCHUSSDATENBUCH

Um Korrekturwerte und Schusslösungen für Schüsse auf große Entfernungen zu ermitteln, braucht man eine genaue Datenbasis. Auf der Grundlage dieser Daten können für verschiedene Situationen und Umweltparameter entsprechende Korrekturwerte abgelesen oder ermittelt werden. Diese Werte können ausschließlich durch den Schützen selber aufgenommen werden, da die verschiedenen Material- und Umweltfaktoren in Kombination zu einzigartigen Ergebnissen führen. Selbst standardisierte Fabrikmunition führt, verschossen aus unterschiedlichen Waffen, zu abweichenden Ergebnissen unter gleichen Einflussfaktoren. Das Führen eines Schussdatenbuches ist für Long-Range-Schützen daher unerlässlich.

Das Long-Range-Schießen als sportlicher Wettstreit unter professionellen Schützen hat eine lange Tradition und basiert auf Wettkämpfen unter militärischen Gesichtspunkten. Daher ist es kaum verwunderlich, dass vor allem militärisch genutzte Kaliber weit verbreitet sind. Waren das in der Vergangenheit vor allem die militärischen .30 Kaliber (zum Beispiel .308 Win) sowie die massiven Anti-Material-Kaliber (14,9 mm und .50 BMG) kamen in den letzten zwei Jahrzehnten auch Neuentwicklungen hinzu. Insbesondere die Kaliber .300 WinMag und .338 LM erfahren immer mehr Beliebtheit. Allerdings finden sich auch immer häufiger zivile Munitionsentwicklungen im Long-Range-Bereich, wie zum Beispiel die 6,5-mm-Kaliber.

Neben der Spezialisierung des Long-Range-Schießens im Hinblick auf Waffen und Munition findet man auch immer mehr Spezialausrüstung für diese Disziplin auf dem Markt. Während in der Vergangenheit vielfach behördliche Ausrüstungselemente übernommen wurden, stellt sich heute die Situation so dar, dass sich der behördliche und der zivile Anwendermarkt untereinander austauschen und ergänzen. Die Hersteller reagieren auf diese spezielle Nische des Schießsports und stellen technische Hilfsmittel zur Verfügung, die es zivilen Anwendern schnell ermöglichen sollen, ohne langwierige Spezialausbildung wie im behördlichen Markt zu konkurrenzfähigen Ergebnissen zu kommen. Vor allem die ballistischen Rechner stellen eine wichtige Neuerung dar.

Inzwischen stellen die Munitionshersteller teilweise sogar kostenfreie Ballistikrechner als Softwarelösung für den PC oder auch als App für Mobilgeräte zur Verfügung. Diese bieten die Möglichkeit, unterschiedlichste Werte in vorgefertigten Masken zu ergänzen und so per Knopfdruck entsprechende Korrekturwerte für eine Schusslösung zu erhalten.

Aus dem militärischen Anwendungsbereich kommen Zielfernrohre mit integrierten Ballistikrechnern, die eine automatisierte Korrekturwertermittlung durchführen und dem Schützen so eine passende Schusslösung direkt präsentieren. Allerdings haben solche Geräte ihren Preis und nehmen zudem dieser sportlichen Disziplin einiges von ihrer Faszination. Außerdem ist es für einen Schützen immer notwendig, Korrekturwerte auf die traditionelle Weise ermitteln zu können, da jede Elektronik ausfallen kann – Zettel und Stift versagen jedoch nicht.

Als aktuelle Entwicklung binden Hersteller von Windmessern ihre Geräte inzwischen in ballistische Berechnungsprogramme ein und bieten dem Schützen somit eine Komplettlösung für die Korrekturwertermittlung. Um Reaktionszeiten zu verkürzen und in Situationen, die sich dynamisch entwickeln, die

Aktionsfähigkeit zu verbessern, halten weitere technische Weiterentwicklungen immer mehr Einzug:

- digitale Windmesser mit Datentransfer
- Geodatenbanken zur Umwelteinflussermittlung
- Laser-Entfernungsmesser
- digitale Schussdatenbücher
- digitale Zielfernrohre mit Ballistikrechner und automatisierter Korrektur

Bei Wettkämpfen sind oft auch militärische/behördliche Schützenteams anzutreffen, die sich mit den zivilen Anwendern messen. Der Long-Range-Bereich bietet mehr als jede andere Disziplin ein hochprofessionelles Anwendungsniveau, das auf beiden Seiten gleichermaßen entwickelt ist.

Wer auf professioneller Ebene mithalten will, muss das Handwerkszeug beherrschen. Dazu gehört, dass man sich nicht auf Ballistikrechner und Co. verlässt, sondern in der Lage ist, Korrekturwerte anhand von Tabellen und Berechnungen händisch zu ermitteln.

ANWENDUNGEN BEI DER JAGD

Im jagdlichen Bereich können wir grundsätzlich zwischen zwei verschiedenen Jagdarten unterscheiden: Einzeljagd und Gesellschaftsjagd. Die Einzeljagd kann man in Ansitzjagd und Pirschjagd unterteilen, die Gesellschaftsjagd (Treibjagd) in die Standtreibjagd und die Ansitztreibjagd. Grundsätzlich kann für alle diese Jagdarten dieselbe Waffe genutzt werden. Lediglich die Optik sollte an das jeweilige Einsatzgebiet angepasst sein. Im Folgenden betrachten wir die einzelnen Waffen und Optiken für die gebräuchlichsten Jagdarten.

15.1 ANSITZJAGD

Eine in Deutschland sehr weit verbreitete Jagdart ist die Ansitzjagd. Dabei lauert der Jäger dem Wild an einer strategisch gut geeigneten Stelle (zum Beispiel Wechsel, Kirrung etc.) auf. Der Jäger beobachtet und wirkt dabei in der Regel aus einer vorbereiteten Stellung (zum Beispiel Hochsitz, Leitersitz, Klettersitz, Erdsitz). Diese Einzeljagdart erfordert vom Jäger ein hohes Maß an Disziplin, mentaler Gelassenheit, Fachwissen bei der Einrichtung der Ansitzeinrichtung (zum Beispiel gedecktes Angehen des Sitzes, Beachtung von Beobachtung- und Schussbereichen, Hauptwindrichtung) und dem oft zitierten „Sitzfleisch“.

Bei den meisten Ansitzeinrichtungen besteht die Möglichkeit, den Anschlag „sitzend aufgelegt“ zu wählen. Um eine sichere Schussabgabe zu gewährleisten, muss der Schütze diesen Anschlag beherrschen. Der Anschlag „sitzend aufgelegt“ ist auf einer Ansitzeinrichtung herausfordernder und instabiler als am Anschusstisch. Der Schütze muss zur Reduzierung von Schießfehlern hier insbesondere auf die Abstützung seines Oberkörpers achten.

Anders als beim Kurzwaffenschießen überträgt sich beim Langwaffenschießen jede noch so kleinste Bewegung des Oberkörpers über den Schaft auf die ge-

Dreipunktauflage im Ansitz: Durch das Auflegen des Unterstützungsarms wird die Waffe weich und leicht erhöht gelagert. Durch die Schaffung eines Dreiecks liegt die Waffe sauber und stabil im Anschlag.

samte Waffe. Eine maximale Abstützung des Oberkörpers kann durch die Einrichtung einer Dreipunktauflage (bestehend aus dem Vorderschaft und des rechten und linken Ellenbogens) gewährleistet werden. Diese Dreipunktauflage kann der Jäger durch die Nutzung von Hilfsmitteln einnehmen – zum Beispiel durch das Nutzen von schmalen Leisten beziehungsweise der Fensterbänke als Armauflage oder durch das Abstützen der Ellenbogen auf den Knien. Dabei ist aber darauf zu achten, dass niemals Knochen auf Knochen steht.

Zudem kann es passieren, dass die Auflagehöhe nicht zum Schützen passt. In diesem Fall muss der Jäger geeignete Hilfsmittel zur Erhöhung der Waffenauflage (zum Beispiel Sandsäcke, Fritzmann-Gewehrauflage etc.) nutzen. Da der Jäger beim ersten Ansitzen auf einer fremden/neuen Ansitzeinrichtung noch nicht die Maße der Auflage kennt und eventuell keine Hilfsmittel mitgeführt hat, sollte er zudem auch etwas Fantasie besitzen und gemäß dem Grundsatz „Leben in der Lage“ auch eher unkonventionelle Auflagemöglichkeiten zur Hilfe ziehen, wie zum Beispiel den Arm als Auflage, Paracord oder den Trageriemen als Auflage vom Dach herabhängen lassen. Alternativ kann bei Erstellung der Ansitzeinrichtung auch eine „Anschlagsleiter“ errichtet werden.

Kompakte Stufenanschläge können mit einfachen Mitteln selber hergestellt werden. Sie ermöglichen eine robuste Unterstützung auf unterschiedlichen Anschlagshöhen.

DIE WAFFE FÜR DIE ANSITZJAGD

Grundsätzlich kann bei der Ansitzjagd jede Art von Waffe (von kombinierten Waffen über Repetierwaffen bis hin zu Selbstladewaffen) eingesetzt werden. Da man in der Regel aufgelegt schießen kann, spielt das Gewicht der Waffe eher eine sekundäre Rolle. Allerdings sollte man immer die begrenzte Bewegungsfreiheit berücksichtigen, wie zum Beispiel in einer geschlossenen Kanzel. Gerade die Nutzung von Schalldämpfern verlängert die Waffe nochmal um ein paar Zentimeter. Die Auswahl der Waffe ist also eher Geschmackssache. Die Auswahl des Kalibers sollte eher am Stand- beziehungsweise Wechselwild als an der Jagdart festgemacht werden.

Da das Wild bei der Ansitzjagd nicht immer da austritt, wo der Jäger es gerne hätte, sollte die Waffe auf die GEE – die günstigste Einschießentfernung – eingeschossen sein (zum Beispiel 182 Meter bei der Hornady SPFI .308 Win GMX 150 grs), um ohne Haltepunktänderung eine möglichst große Einsatzreichweite der Patrone (bis zu 200 Meter bei der genannten Laborierung) ausnutzen zu können.

DAS ZIELFERNROHR FÜR DIE ANSITZJAGD

Da die Ansitzjagd den größten Jagderfolg in den frühen Morgenstunden beziehungsweise in der abendlichen Dämmerung verspricht, jedoch während dieser Zeiträume die Sehschärfe des menschlichen Auges auf etwa ein Drittel der Tagsehschärfe sinkt, sollte der Jäger auf ein möglichst lichtstarkes Zielfernrohr zurückgreifen. Diese Zielfernrohre sind als universelle Ansitzzielfernrohre für den Ansitz im Wald, die Tagesjagd und den Nachtansitz geeignet. Zielfernrohre mit einem mehrstufig dimmbaren Lichtpunkt sind für die Jagd in der Dämmerung von Vorteil.

Bei der Angabe der Dämmerungszahl werden von den Herstellern teilweise sehr optimistische Zahlen genannt, die sich dann im realen Einsatz nicht verwirklichen. Das liegt daran, dass die Dämmerungszahl nur ein rechnerischer Wert für die Bildhelligkeit ist, der Beeinflussungen wie zum Beispiel durch die Konstruktion der Optik, Glasart oder Qualität der Vergütung völlig außer Acht lässt. Berechnen kann man die Dämmerungszahl, indem man die eingestellte Vergrößerung mit dem Objektivdurchmesser multipliziert und aus diesem Ergebnis die Wurzel zieht.

Als Beispiel nehmen wir ein variables Zielfernrohr 2,3-18 x 56: Es hat eine Dämmerungszahl von 11,35 in der minimalsten Vergrößerung und 31,75 in der maximalsten Vergrößerung. Rechnerisch bedeutet das, dass man mit dem Zielfernrohr Objekte in 114 beziehungsweise 318 Metern Entfernung noch gut erkennen kann. Das ist aber nur trockene Theorie und sieht im realen Einsatz völlig anders aus. Aus diesem Grund sollte der Jäger bei Optiken, die er für den Einsatz in der Dämmerung oder bei Nacht einsetzen möchte, auf die Austrittspupille achten. Denn die Bildhelligkeit im Auge hängt im wesentlichen von der Größe der Austrittspupille ab. Auch sie lässt sich, genau wie die Dämmerungszahl, rechnerisch ermitteln, indem man den effektiven Objektivdurchmesser (die sogenannte Eintrittspupille) durch die eingestellte Vergrößerung dividiert.

Als Beispiel nehmen wir ein variables Zielfernrohr 2,3-18 x 56: Das Zielfernrohr hat hier eine Austrittspupille von 24,4 mm in der minimalsten Vergrößerung und 3,1 mm in der maximalsten Vergrößerung. Zur bestmöglichen Ausnutzung der Austrittspupille und somit der Bildhelligkeit muss die Augenpupille mindestens genauso groß sein wie die Austrittspupille. Ist die Augenpupille kleiner, kann der aus dem Okular austretende breitere Lichtstrahl nicht komplett wahrgenommen werden.

Da die Augenpupille eines jüngeren Menschen tagsüber im Durchschnitt eine Größe von 4,7 mm hat, liefert ihm ein Zielfernrohr 2,3-18 x 56 (mit eingestellter AP von 7 mm) gegenüber einem Zielfernrohr 1-6 x 24 (mit eingestellter AP von 4 mm) kein helleres Bild. Passt sich die Augenpupille allerdings in der Dämmerung an und erweitert sich auf etwa 7 mm (optimale Anpassung nach etwa 45 Minuten), wird der Vorteil des 2,3-18 x 56 gegenüber dem 1-6 x 24 sichtbar.

Das bedeutet jedoch nicht, dass man für den Tageinsatz ein anderes Zielfernrohr nutzen muss. Im Gegenteil, denn eine größere Austrittspupille hat tagsüber den Vorteil, dass das Auge mehr Bewegungsspielraum (im Bereich des größeren Lichtstrahls) hat und dadurch ein sehr komfortables Beobachten erlaubt, ohne das Zielfernrohr ganz exakt vor den Augen zentrieren zu müssen.

Zur Kontrolle der Qualität hält man die Optik einige Zentimeter von den Augen entfernt und blickt in das Okular. Nun erkennt man die Austrittspupille als eine scharfe, kreisrunde, helle und farbneutrale „Scheibe“ im Okular. Sieht man eine abgeschattete Austrittspupille oder sogar einen Farbstich in der Austrittspupille, so ist das ein Indikator für eine mindere Qualität der verarbeiteten Prismen.

Das Absehen sollte in der zweiten Bildebene liegen. Da bei der Ansitzjagd im heimischen Revier vor dem Ansitz eine Geländetaufe und Entfernungsspinne (Entfernungsermittlung per Laserentfernungsmesser) erstellt werden kann, fallen die Vorteile der ersten Bildebene (zum Beispiel Entfernungsschätzung) nicht so schwer ins Gewicht wie die Nachteile (zum Beispiel Abdeckung des Wildes durch das Absehen bei einem Vergrößerungswechsel). Als Absehen für die Ansitzjagd reicht eines der unzähligen jagdlichen Standardabsehen voll-

Durchschnittliche Pupillenweite und Alter				
	20 Jahre	40 Jahre	60 Jahre	80 Jahre
Tag	4,7 mm	3,9 mm	3,1 mm	2,3 mm
Nacht	7 mm	6 mm	4,1 mm	2,5 mm

kommen aus. Welches Absehen der Jäger letztendlich auswählt und in welcher Bildebene das Absehen liegen soll, ist und bleibt jedoch seinem persönlichen Geschmack überlassen.

15.2 PIRSCHJAGD

Die ursprünglichste Jagdart ist die Pirschjagd. Dabei pirscht der Jäger vorsichtig und möglichst lautlos durch sein Revier und sucht das Wild auf. Der Jäger beobachtet und wirkt dabei in der Regel nicht aus einer vorbereiteten Stellung (zum Beispiel Hochsitz), sondern wählt seine Beobachtungspunkte und Anschläge situationsbedingt.

Diese Einzeljagdart erfordert vom Jäger eine gute physische Kondition, Fachwissen über sein Revier, die Einstandsgebiete des Wildes und die Verhaltensweisen des jeweiligen Wildes. Allerdings sollte der Jäger auch ein gewisses Maß an „taktischen" Grundfertigkeiten (zum Beispiel Beachtung von Beobachtungs- und Schussbereichen, Windrichtung, Art der Ausrüstung, Befestigung der Ausrüstung) besitzen.

Bei der Pirschjagd wird meist aus dem Anschlag „stehend freihändig" oder „kniend aufgelegt" geschossen. Alternative Anschlagarten sind „stehend/kniend angestrichen" (zum Beispiel an einem Baum) oder „stehend/kniend aufgelegt" zum Beispiel bei der Nutzung eines Pirschstocks. Gerade bei der Nutzung von Pirsch- beziehungsweise Zielstöcken scheiden sich die Geister. Wie bei allem gibt es hier keine Universallösung. Jeder Jäger sollte sich das System suchen, das zu ihm passt.

Bei der Pirschjagd ist es häufig nötig, stabile Anschläge mit den umgebenen Mitteln schnell zu improvisieren, zum Beispiel der Anschlag stehend angestrichen.

Eine weitere Anschlagsart, die man bei der Pirschjagd verwenden kann, ist der Anschlag „liegend aufgelegt“. Dabei liegt der Jäger hinter dem mitgeführten Rucksack und nutzt diesen als Gewehrauflage. Um einen besonders stabilen Anschlag zu erhalten, kann man sich an diversen Hilfsmitteln (wie zum Beispiel eine auf dem Rucksack montierbare Gewehrauflage) bedienen.

DIE WAFFE FÜR DIE PIRSCHJAGD

Grundsätzlich kann auch bei der Pirschjagd jede Art von Waffe (von kombinierten Waffen über Repetierwaffen bis hin zu Selbstladewaffen) eingesetzt werden. Anders als bei der Ansitzjagd macht sich bei der Pirschjagd jedoch ein höheres Gewicht der Waffe bemerkbar. Natürlich muss man die Waffe auch bei der Ansitzjagd für einige Meter tragen. Diese Entfernung ist jedoch im Vergleich zu den Strecken bei der Pirschjagd klein. Je nach physischer Kondition und Leistungsfähigkeit empfiehlt sich für die Pirschjagd ein Waffengewicht von nicht mehr als drei bis vier Kilo.

Auch die Länge der Waffe spielt bei der Pirschjagd eine größere Rolle als bei der Ansitzjagd. Gerade bei der Pirsch in einem Waldrevier ist eine führige Waffe mit einem kurzem Lauf (Lauflänge etwa 16,5“/42 cm) ideal, um nicht an Bäumen oder Sträuchern hängen zu bleiben und so das Wild schon frühzeitig aufzuscheuchen. Aber nicht alle Kalibergrößen eignen sich für das Verschießen aus kurzen Läufen.

DAS ZIELFERNROHR FÜR DIE PIRSCHJAGD

Bei der Pirschjagd kann grundsätzlich jedes Zielfernrohr eingesetzt werden, das auch bei der Ansitzjagd eingesetzt wird. Da die Pirschjagd hauptsächlich am Tag durchgeführt wird, benötigt man kein besonders lichtstarkes Zielfernrohr. Mit einer 6-fachen Vergrößerung lässt sich optimal auf Entfernungen von 100 bis 150 Meter wirken. Alles was ein Zielfernrohr für eine Pirschjagd braucht, ist eine Horizontallinie, um einem Verkanten der Waffe entgegenzuwirken, eine kurze Vertikallinie für den Fall, dass der Leuchtpunkt ausfällt (zum Beispiel durch eine leere Batterie) oder man nicht unbedingt mit Leuchtpunkt schießen möchte, und den Leuchtpunkt selbst zum besseren Kontrast im Ziel. Störende Vorhalte- beziehungsweise Entfernungsermittlungsmarken braucht man nicht, da man auf der Pirschjagd selten über die GEE hinauswirkt und so den Vorteil der auf GEE eingeschossenen Waffe nutzen kann.

15.3 BEWEGUNGSJAGD (TREIBJAGD)

Bei der Bewegungsjagd lauert der Jäger dem Wild an einer vorher festgelegten, strategisch gut geeigneten Stelle (zum Beispiel Wechsel) auf. Der Jäger beobachtet und wirkt dabei entweder aus einer vorbereiteten Stellung (zum Beispiel Drückjagdbock) oder stehend im freien Gelände. Um eine möglichst hohe Sicherheit für alle Beteiligten an der Jagd zu gewährleisten, sollten die Schützen jedoch auf einer Ansitzeinrichtung stehen/sitzen. Der Jäger benötigt bei dieser Gemeinschaftsjagd keine besonderen Kenntnisse über das Revier oder die Einstände, da er meist Jagdgast ist, der durch einen Ansteller zu seinem Stand gebracht wird („angestellt wird“) und durch Beunruhigung (durch Hunde und Treiber) das Wild zugetrieben bekommt. Dieses Fachwissen muss der Organisator der Jagd besitzen, damit er die Stände sinnvoll zuordnen kann.

Da das Wild bei Bewegungsjagden (idealerweise) langsam am Schützen vorbeizieht und der Jäger mit der Waffe mitfahren muss, empfiehlt sich der Anschlag „stehend freihändig". Was auf dem Schießstand unter kontrollierter Umgebung noch relativ einfach ist, wird im Wald bei erhöhtem Puls und mit nicht vorgegebener Laufrichtung des Wildes schon etwas schwieriger. Der flüchtige Schuss stellt besonders hohe Anforderungen an den Schützen im Hinblick auf seine Schießfertigkeit. Aus diesem Grund muss der Jäger für die Teilnahme an Bewegungsjagden regelmäßig auf dem Schießstand dafür trainieren.

Alternativ kann man auch den Anschlag „stehend aufgelegt" nutzen. Dabei muss darauf geachtet werden, dass der Kopf des Pirschstocks drehbar ist, um dem Schützen Flexibilität und Bewegungsfreiheit zu geben. Da das Wild sowieso beunruhigt und in Bewegung ist und sich der Jäger aufgrund des jagdlichen Voranschlags vor der Schussabgabe bewegt, stört seine Bewegung beim Mitfahren mit dem Pirschstock nicht wirklich.

Zeitlich begrenzte Schusspositionen können mit einfachen Mitteln so vorbereitet werden, dass sichere Schüsse möglich sind. Die Nutzung eines höhenverstellbaren Pirschstocks ist zu diesem Zweck besonders geeignet.

DIE WAFFE FÜR BEWEGUNGSJAGDEN

Auch bei Bewegungsjagden kann grundsätzlich jede Art von Waffe (von kombinierten Waffen über Repetierwaffen bis hin zu Selbstladewaffen) eingesetzt werden. Ob der Einsatz von kombinierten Waffen oder Einzelladerwaffen Sinn macht, sei dahingestellt. Repetierwaffen oder Selbstladewaffen haben den Vorteil, dass bei einem schlecht angetragenen Schuss ein schneller Zweitschuss angetragen werden kann und somit dem Wild unnötiges Leid erspart wird. Außerdem kann dem Hundeführer dadurch eine eventuelle Nachsuche erspart werden. In dieser Situation haben kombinierte Waffen (zum Beispiel Standarddrilling) und Einzelladerwaffen (zum Beispiel Kipplaufbüchse) den Nachteil, dass sie erst wieder neu von Hand geladen werden müssen. Dieser Nachladevorgang dauert, je nach Übung des Schützen, mehrere Sekunden. Bei Repetierwaffen (vor allem bei Geradezugrepetierern) und Selbstladewaffen ist das deutlich schneller erledigt.

DAS ZIELFERNROHR FÜR DIE BEWEGUNGSJAGD

Da bei Bewegungsjagd das Wild in Bewegung ist und der Jäger schlagartig in Anschlag gehen muss und das Wild auf kurze Entfernung blitzartig visuell erfassen muss, eignen sich für diese Jagdart besonders die sogenannten Fluchtvisierungen (verschiedenfarbige Kimme-und-Korn-Kombinationen), Drückjagdgläser und Rotpunktvisiere. Aufgrund der relativ kurzen Zielentfernung benötigt man bei Bewegungsjagden keine großen Vergrößerungen und keine besonders lichtstarken Zielfernrohre. Somit sind die typischen „Ansitzzielfernrohre“ für Bewegungsjagden eher ungeeignet.

Stattdessen bieten sich, neben Kimme und Korn, die sogenannten Drückjagdgläser mit 1- bis 6-facher Vergrößerung bei einem Sehfeldbereich von 42,5 bis 6,8 Metern an. Auch Rotpunktvisiere sind geeignet. Sie besitzen zwar keine Vergrößerung, diese kann aber durch die Nutzung eines Magnifiers ergänzt werden. Das Sehfeld kann bei der Nutzung von Drückjagdgläsern und Rotpunktvisieren noch vergrößert werden, indem man das „Off-Eye“, also das Nichtzielauge, nicht schließt, sondern öffnet. Das erfordert allerdings etwas Training (gerade bei eingestellter Vergrößerung).

ANWENDUNGEN BEI POLIZEI UND MILITÄR

Spricht man von polizeilichen und militärischen Zielfernrohrgewehrschützen, deckt diese Bezeichnung diverse Spezialisierungen ab, die sehr unterschiedliche Aufgaben und Einsatzgebiete haben. Man unterscheidet grundsätzlich zwischen den sogenannten DMRs (Designated Marksman Rifle Shooters), den klassischen Scharfschützen (Sniper) und den Präzisionsschützen. Diese drei Gruppen erfüllen komplett unterschiedliche Aufgaben und nutzen entsprechend andere Ausrüstungen.

16.1 DESIGNATED MARKSMAN RIFLE SHOOTER (ZF-GEWEHRSCHÜTZEN)

Diese aus dem amerikanischen Dienstgebrauch übernommene Bezeichnung DMR beschreibt einen spezialisierten, mit einem Zielfernrohrgewehr ausgerüsteten Schützen als Ergänzung der infanteristischen Gruppe. Diese Schützen nehmen unterschiedliche Aufgaben innerhalb und außerhalb einer militärischen Einheit wahr.

• ERGÄNZUNG DER INFANTERISTISCHEN HANDWAFFEN UND ERHÖHUNG DER WIRKREICHWEITE AUF EINZELZIELE

Das ist die häufigste Aufgabe eines DMRs. Als Teil der abgesessen operierenden Gruppe bewegt sich dieser auf Patroullien mit und dient hauptsächlich neben dem Maschinengewehr als Ergänzung des Einsatzspektrums im Falle eines Gefechts. Dabei wird häufig ein Selbstladegewehr mit Zielfernrohr genutzt, um sowohl das Bekämpfen von Einzelzielen bis etwa 600 Meter im Präzisionsschuss zu ermöglichen, als auch die hohe Kadenz (Schusswiederholrate) zum Zwecke des gezielten Niederhaltens, Abwehrschießens und Deckens von Bewegungen zu nutzen.

• SCHUTZ UND ÜBERWACHUNG DER BEWEGUNGEN EIGENER KRÄFTE

Häufig werden DMRs als Überwachungselement im Rahmen militärische Operationen eingesetzt. Insbesondere beim Vorgehen operativer Kräfte in unübersichtlichen Geländeabschnitten überwachen kleine Teams die Bewegung eigener Kräfte, dirigieren sie oder tragen durch Aufklärung von einer geeigneten Position aus zum unmittelbaren Lagebild des militärischen Führers vor Ort bei. Im Bedarfsfall bekämpft der DMR-Trupp Einzelziele aus mittlerer Entfernung und erhöht somit die Überlebensfähigkeit und Bewegungsfreiheit der eigenen Kräfte vor Ort. In dieser Funktion ist ein DMR-Trupp (in der Regel zwei bis drei Soldaten) abgesetzt von den eigenen Kräften eingesetzt und muss gegebenenfalls mit eigenen Mitteln ohne direkte Unterstützung anderer Kräfte ausweichen können. Das wirkt sich auf Zusammenstellung und Ausrüstung des Trupps aus.

• SCHLIESSEN DER WIRKUNGSLÜCKE ZWISCHEN STURMGEWEHREN UND SCHARFSCHÜTZENWAFFEN

Diese Aufgabe findet in allen Einsatzszenarien Anwendung und begründet die Notwendigkeit von DMRs. Die effektive Reichweite von infanteristisch genutzten Sturmgewehren endet in der Regel bei etwa 400 Metern, wobei die nutzbare Schussweite (Kampfentfernung) mit etwa 200 Metern deutlich darunter liegt. Die Einsatzentfernungen von Scharfschützenwaffen beginnen zumeist jedoch erst bei etwa 600 Metern. Das hängt mit den genutzten Kalibern und der Stabilisierung der Geschosse im Flug für einen präzischen Schuss zusammen.

Somit ergibt sich eine große Lücke von 200 bis 600 Metern. Das ist der klassische Einsatzbereich des DMR. Aufgrund der verwendeten Kombinationen aus Waffen und Munition liegt seine Einsatzentfernung zwischen 120 und 800 Metern. Somit können DMRs ihre diversen Rollen problemlos wahrnehmen, ohne dabei unterschiedliche Waffensysteme nutzen zu müssen. Eine leichte Anpassung der Zusatzausstattung genügt hier, um den Wandel zwischen den verschiedenen Einsatzszenarien zu vollziehen.

• SICHERUNG IM SCHARFSCHÜTZENTRUPP

DMRs finden nicht nur Anwendung innerhalb der regulären infanteristischen Einheiten, sondern auch als Ergänzung im Scharfschützentrupp. Gerade weil Scharfschützen in der jüngsten Vergangenheit, vor allem im Rahmen urbaner Operationen, auch immer häufiger in die Aufgaben von DMRs rutschen. Dabei finden hohe Kadenz und Einsatzreichweite in mittleren Distanzen vielfach Anwendung als Sicherungs- und Unterstützungswaffe im Scharfschützentrupp.

Die Bezeichnung DMR beschreibt das Aufgabenspektrum, weniger die genutzten Waffen, wobei hier natürlich vor allem solche mit hoher Kadenz und anpassbarer Zusatzausstattung genutzt werden. Das begründet sich darin, dass DMRs unterschiedliche Rollen wahrnehmen und ein breites Spektrum abdecken müssen. Das kann gegebenenfalls innerhalb eines laufenden Auftrags geschehen, so dass gegebenenfalls keine Zeit oder Möglichkeit für einen Wechsel oder eine Anpassung des gerade genutzten Waffensystems bleibt.

An DMRs werden daher besondere Anforderungen gestellt. Sie müssen physisch und psychisch besonders fit sein, und auch besonders eigenständig agieren und auftragsbezogen handeln. Das passiert, im Gegensatz zum klassischen Scharfschützen, oft in kurzen Zeitabständen. DMRs verbleiben nur selten längere Zeit in einer Stellung und werden, anders als Scharfschützen, dynamisch eingesetzt. Hinzu kommt, dass besondere Fertigkeiten und Kenntnisse im Umgang mit Zielfernrohrgewehren erforderlich sind, die denen von Scharfschützen entsprechen. Aus diesem Grund werden DMR-Schützen ähnlich intensiv ausgebildet wie klassische Scharfschützen und verfügen weitgehend über die gleichen Kenntnisse, auch wenn die Einsatzgrundsätze sich stark unterscheiden.

16.2 SCHARFSCHÜTZEN

Die am weitesten verbreitete und bekannteste Bezeichnung von Zielfernrohrgewehrschützen ist der Scharfschütze beziehungsweise Sniper. Vielfach in

Medien transportiert, rankt sich beinahe ein Mythos um diese Bezeichnung, die oft falsch verwendet wird. Der klassische Scharfschütze hat in der heutigen Zeit ein klar umrissenes und recht eng gefasstes Aufgabenspektrum:

- Beobachtung und Aufklärung
- Bekämpfen von Einzelzielen auf mittlere bis große Entfernung (Material und Personal) mit hoher taktischer Bedeutung

Das sind die Kernaspekte eines Scharfschützen. Dabei ist die Aufzählungsreihenfolge nicht willkürlich gewählt, denn in erster Linie sammeln Scharfschützen Informationen, die in Verbindung mit anderen Informationsquellen von Spezialisten ausgewertet werden und dann zu einem Gesamtlagebild beitragen. Erst in zweiter Linie stellen Scharfschützen den verlängerten Arm der operativen Führung dar und bekämpfen Einzelziele. Nur in den seltensten Fällen handelt es sich dabei um Personen, sondern meist um taktisch relevantes Material.

Scharfschützen werden in der Regel mit einem konkreten Auftrag eingesetzt und stellen sich Ausrüstung und Ausstattung einsatzspezifisch zusammen. Im Gegensatz zu DMRs ist der Scharfschützeneinsatz zumeist statisch, das heißt von einer oder mehreren im Vorfeld festgelegten Positionen aus.

Im Vordergrund stehen dabei unentdeckte Annährung, Auftragsdurchführung und Ausweichen. Zu diesem Zweck werden Scharfschützen in kleinen Teams eingesetzt und besonders intensiv geschult. Neben den Kenntnissen zum Schusswaffeneinsatz auf große Entfernungen stehen hier vor allem Bewegungsarten in unterschiedlichen Geländen sowie Stellungswahl und -ausbau in Verbindung mit Tarnung im Vordergrund.

Selbstverständlich stellt die Fähigkeit zum gezielten Einzelschuss auf mittlere und große Entfernungen eine der Kernkompetenzen dar. Denn wenn ein Scharfschütze schießt, dann muss er auch treffen, egal unter welchen Umständen. Unter Einsatzbedingungen hat der Schuss eines Scharfschützen auf ein

Ziel immer eine Reaktion auf der Gegenseite zur Folge, was in der Regel bedeutet, dass die Stellung innerhalb kurzer Zeit aufgeklärt wird.

Aufgrund der Einsatzart von Scharfschützen und der hohen psychischen Belastung im Einsatz sind Scharfschützen im Team unterwegs, was eine Aufteilung der Aufgaben und der benötigten Ausrüstung ermöglicht.

Die kleinstmögliche Aufteilung im Team ist der 2-Schützen-Trupp. Dieser besteht aus einem Schützen und einem sogenannten Beobachter (Spotter). Beide Schützen können die jeweils andere Aufgabe im Trupp wahrnehmen und tun das auch, da der Einsatz als Schütze zeitlich nur begrenzt möglich ist. Schütze und Spotter müssen nicht nur auf die Fähigkeiten des jeweils anderen vertrauen, sondern auch miteinander unmissverständlich knapp und präzise kommunizieren können. Das ist ein weiterer Aspekt der spezialisierten Ausbildung von Scharfschützen.

16.3 PRÄZISIONSSCHÜTZEN

Präzisionsschützen findet man hauptsächlich in polizeilichen Spezialkräften sowie in spezialisierten Einheiten des Militärs, insbesondere in den Bereichen Personen- und Objektschutz. Der Unterschied zu DMRs und Scharfschützen besteht in den Einsatzgrundsätzen. Auch wenn Präzisionsschützen ähnliche Aufgaben erfüllen wie DMRs und Scharfschützen, werden hier doch spezielle Anforderungen gestellt. Polizeiliche Präzisionsschützen werden in der Regel zu mehreren gleichzeitig eingesetzt und sollen vor allem zwei Aufgaben erfüllen:

- **AUFKLÄRUNGSARBEIT**

Als Teil des sogenannten inneren Rings leisten Präzisionsschützen unmittelbare Aufklärungsarbeit in ihren Beobachtungsbereichen und tragen Informationen zum Lagebild bei. Dazu gehören unter anderem die Aufklärung von Bewegungen und Verhalten potenzieller oder erkannter Ziele, Veränderungen in der unmittelbaren Umgebung sowie Lageentwicklungen. Neben diesen Tätigkeiten müssen Präzisionsschützen eine Lageentwicklung selbständig beurteilen können und unter bestimmten Voraussetzungen eigenständig die Entscheidung zu einem Schuss auf Personen oder Material treffen sowie die Folgen gegeneinander abwägen.

• GEFAHRENABWEHR

Potenzielle Gefahren werden im Falle einer entsprechenden Entscheidung mit einem gezielten Einzelschuss vom Präzisionsschützen ausgeschaltet. Diese Entscheidung ist in den meisten Fällen fremdbestimmt, was die physische und psychische Belastung eines Präzisionsschützen im Einsatz zusätzlich erhöht, da über einen längeren Zeitraum hinweg eine ständige Schussbereitschaft aufrechterhalten werden muss.

Militärische Präzisionsschützen findet man zumeist in Personen- oder Objektschutzeinheiten. Hier werden sie zur Überwachung eines bestimmten Ziels oder Bereichs eingesetzt und haben klar definierte Einsatzregeln, nach denen eine selbstständige oder fremdbestimmte Schussentscheidung getroffen wird.

Zumeist werden Präzisionsschützen aus den Reihen der ausgebildeten Scharfschützen rekrutiert, da hier auf eine fundierte Ausbildung zurückgegriffen werden kann. Auch wenn Präzisionsschützen zumeist in kurzen bis mittleren Distanzen eingesetzt werden, finden häufig Waffen Verwendung, die für Scharfschützen konzipiert sind. Eine der bekanntesten Präzisionsschützenwaffen ist das Präzisionsschützengewehr 1 des Herstellers Heckler & Koch. Diese Waffe im Kaliber .308 Win wurde speziell für den Einsatz von Präzisionsschützen konzipiert, fand jedoch auch als MSG90 vielfach Anwendung im Scharfschützenbereich.

Die Problematik, mit der Präzisionsschützen sich konfrontiert sehen, besteht darin, dass die Schussentfernungen in der Regel relativ gering sind, jedoch diverse Faktoren den Einsatz erschweren:

- schnelle Einsatzbereitschaft an einem unbekannten Ort
- unklare Entfernungsmarken und Windverhältnisse (gegebenenfalls keine Zeit zur Vorerkundung)
- Hindernisse in der Geschossflugbahn (zum Beispiel Fenster)
- zumeist urbanes Umfeld mit extremen Schusswinkeln

Etwas leichter haben es Präzisionsschützen im Objektschutz. Sofern es sich um ein etabliertes Objekt handelt, stehen spezielle Beobachtungsstellungen und Wirkbereiche zur Verfügung, und eingesetzte Schützen können auf bereits vorhandene Informationen wie Entfernungsmarken, Sichtbereiche und ähnliches zurückgreifen.

Diese Funktion der Präzisionsschützen wird inzwischen auch von besonders qualifizierten DMRs übernommen, zum Beispiel in der Sicherung von Flugfeldern oder logistischen Einrichtungen. Hier werden Präzisionsschützen als Elemente einer komplexen Sicherungsstruktur eingesetzt.

Aufgrund der speziellen Anforderungen durchlaufen militärische Präzisionsschützen in der Regel zunächst eine Scharfschützenausbildung, bevor die Aufbauausbildung als Präzisionsschütze erfolgt. Vor allem für den Einsatz als Schützen im Bereich des Personenschutzes wird diese Reihenfolge meist eingehalten. Es wäre jedoch ein Fehler, aufgrund der Unterscheidungsmerkmale eine Wertungshierarchie zu unterstellen. Sowohl DMRs als auch Scharf- und Präzisionsschützen sind Spezialisten, die sich ausschließlich durch den Auftrag und die Einsatzgrundlagen unterscheiden.

16.4 STELLUNGSWAHL

Egal ob militärischer oder polizeilicher Zielfernrohrgewehrschütze, eines gilt für alle gleich: Die Stellung ist so zu wählen, dass der Auftrag aus dieser heraus erfüllt werden kann. Das ist einer der wesentlichen Unterschiede zwischen zivilen Schützen und „behördlichen“ Anwendern. Während im zivilen Bereich in der Regel eine Stellung vorgegeben ist, in der zumeist ein bestimmter Anschlag verwendet werden muss, muss im polizeilichen und militärischen Bereich zunächst diese Stellung erkundet, bewertet und eingerichtet werden. Die Stellung muss im Einsatzgebiet zunächst durch den Schützen beziehungsweise das Team ausgewählt werden. Folgende Kriterien muss diese Stellung erfüllen:

- gedeckte Annäherungsmöglichkeit / Möglichkeit zum gedeckten Verlassen
- Blick auf das Ziel
- Wirkungsmöglichkeit auf das Ziel
- von der Gegenseite möglichst schwer oder nicht aufklärbar
- Möglichkeit zur Kommunikation mit der Führungsstelle
- Anschlagsmöglichkeit für Waffe(n)
- ausreichende Beobachtungsmöglichkeiten im Zielgebiet
- Möglichkeit zur Einrichtung der Stellung, gegebenenfalls für längeren Zeitraum
- ausreichender Platz für Personal und Ausrüstung
- gegebenenfalls Ausweichstellung in der Umgebung mit gleichen Möglichkeiten
- unter wechselnden Lichtverhältnissen nutzbar (Sonnenstand, Tag-Nacht-Wechsel etc.)

Ist ein geeigneter Platz gefunden, erfolgt die Annäherung, gefolgt von der Einrichtung der Stellung. Diese Aspekte sind ebenso wichtig wie die Auswahl selbst, denn alle Phasen erfolgen unter vermeintlicher Beobachtung der Gegenseite. Somit kann Unachtsamkeit dazu führen, dass die Stellung aufgeklärt und somit der Auftrag nicht mehr durchführbar ist.

Die Einrichtung der Stellung umfasst neben der gegebenenfalls nötigen Tarnung der Schützen und Ausrüstung auch die Platzierung der notwendigen Ausrüstung in Griffweite, das Einrichten von Waffe und Beobachtungsausrüstung sowie das eventuell nötige Anlegen eines Schusskanals.

Ebenso wichtig ist das Ermitteln notwendiger Daten:

- Entfernungsmarken
- Schusswinkel
- Winddaten
- topographische Besonderheiten (Windkanäle, Gewässer etc.)
- Geländeskizze

Erst wenn diese Tätigkeiten abgeschlossen sind, kann die Stellung als eingerichtet gelten und der eigentliche Auftrag wahrgenommen werden. Je nach Einsatzszenario und Auftrag müssen diese Phasen gegebenenfalls unter massivem Zeitdruck abgeschlossen werden. Das baut einen starken psychischen Druck auf, der mit einer Wettkampfsituation im Zivilbereich nur schwer vergleichbar ist. Aus diesem Grund wird das Personal für diese Aufgaben besonders ausgewählt, geschult und regelmäßig überprüft.

16.5 GELÄNDESKIZZE

Die Geländeskizze ist ein wesentliches Element innerhalb der Einrichtung einer Stellung. Sie ist aber nicht nur für „behördliche" Anwender sinnvoll. Geländeskizzen enthalten eine Vielzahl an Informationen und machen diese schnell verfügbar. Die einfachste Form einer Geländeskizze ist die sogenannten Entfernungsspinne. Dabei werden von der eigenen Stellung aus markante Geländepunkte und deren Entfernung zur eigenen Stellung verzeichnet. Somit können Entfernungen zu einem Ziel innerhalb des Beobachtungsgebiets schnell ermittelt oder hinreichend genau geschätzt werden. Der Name ergibt sich aus der Tatsache, dass diese Skizze einem Spinnennetz ähnelt, bei dem die eigene Stellung in der Mitte liegt.

In Erweiterung der reinen Entfernungsskizze kann das verzeichnete Gebiet an markanten Geländepunkten auch unterteilt und in Sektoren aufgeteilt werden. Dadurch ergibt sich die Möglichkeit einer schnellen und genauen Zielanspra-

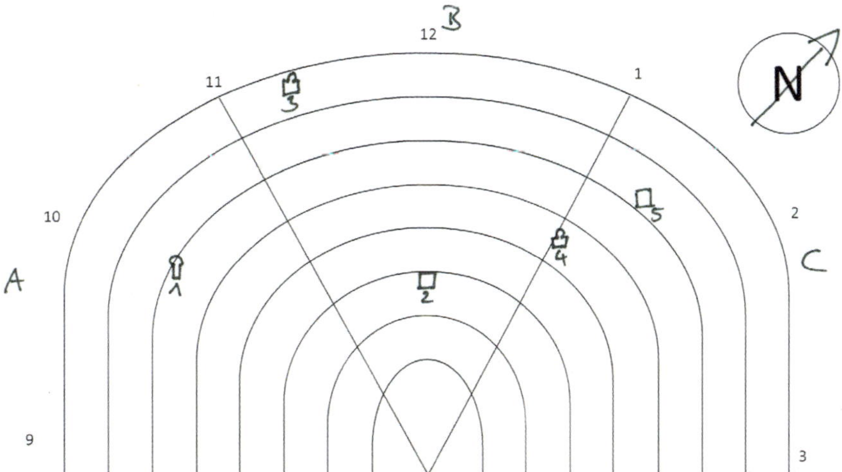

Range	327		248					2: 100			...	174		260	
Elevat.	-3		0					-1.5				-.7		-.8	
Side	-.5		0					0				0		-.25	
Angle	-8°		0					+10°				+3°		+12°	

200m Zero

Eine einfache Entfernungsspinne ermöglicht es, Zielansprachen anhand von Hilfszielen im Team zu kommunizieren und Korrekturwerte schnell zu ermitteln.

Range	327		248					2: 100			...	174		260	
Elevat.	-3		0					-1.5				-.7		-.8	
Side	-.5		0					0				0		-.25	
Angle	-8°		0					+10°				+3°		+12°	

200m Zero

Die Einteilung von Sektoren vereinfacht die Zielansprache und -Identifikation bei großen oder unübersichtlichen Überwachungsbereichen.

Ansichtsskizzen schaffen eine Vorstellung der wesentlichen Elemente im zu überwachenden Bereich und ermöglichen auch im nachhinein genaue Angaben zum Verlauf / Beobachtungen.

Der Jahreszeitenzyklus verändert Naturlandschaften und Lichtverhältnisse drastisch. Insbesondere topographische Eigenheiten können verdeckt oder abgemildert werden.

che, die nicht nur die Kommunikation innerhalb des Teams vereinfacht, sondern auch das Nachhalten von beobachteten Bewegungen im Zielgebiet einfach nachvollziehbar macht.

Beide Skizzenarten sollten neben den markanten Geländepunkten (Einzelbäumen, Straßen, Schildern, Gebäuden etc.) auch die wesentliche Topographie im Bereich wiedergeben (Geländeeinschnitte, Erhebungen, Gewässer). Insbesondere bei eingeschränkter Sicht sind diese Informationen zweckmäßig, um Korrekturwerte für einen Schuss zu ermitteln. Im behördlichen Bereich werden häufig auch Ansichtsskizzen erstellt, die neben der Fläche auch Elemente in der Höhe wiedergeben.

Die Erstellung einer nutzbaren Ansichtsskizze stellt durchaus eine Herausforderung dar: Ein zu hoher Detailgrad führt zu fehlender Übersichtlichkeit und damit Informationsverlust, während ein zu geringer Detailgrad eventuell wesentliche Informationen wegfallen lässt. Die Ansichtsskizze muss daher eine genaue Ansicht des Zielbereichs darstellen und die wichtigen Detailinformationen mit einem Blick verfügbar machen.

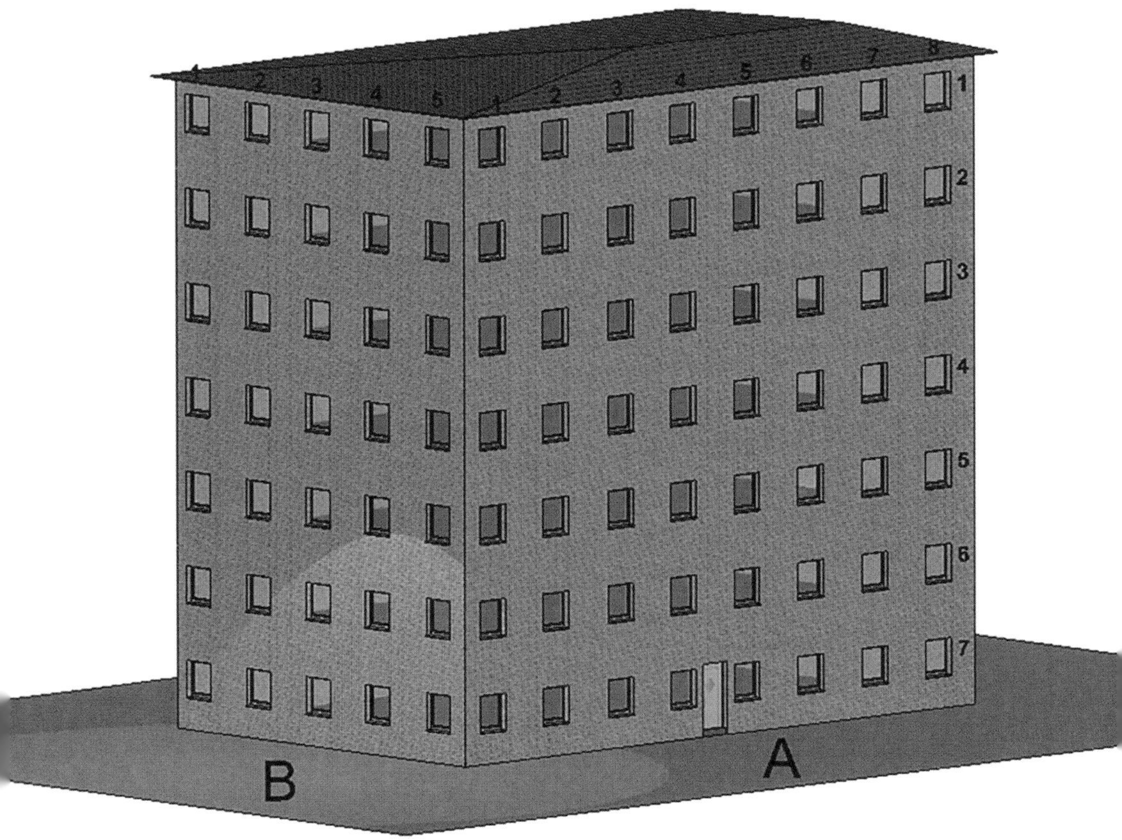

Klare und eindeutige Bezeichnungen von Objekten ermöglichen eine schnelle und genaue Zielangabe. Die Benennung mit Buchstaben und Zahlen hat sich als besonders effektiv erwiesen.

Dabei ist der Detailgrad vom Zielbereich abhängig: Stellt die Skizze eine Ansicht mehrerer Gebäude ähnlicher Bauweise dar, müssen Unterscheidungsmerkmale sichtbar sein (zum Beispiel ein Gebäude mit sichtbarem Mauerwerk, während alle anderen Gebäude verputzt sind). Vielfach ist auch eine eindeutige Bezeichnung notwendig, die sich in das Gelände übertragen lässt (zum Beispiel Nummerierung von links nach rechts).

Die Nutzung von früher erstellten Ansichtsskizzen ist dabei nicht empfehlenswert, da Gelände und Infrastruktur einem stetigen Wandel unterworfen sind. So kann zum Beispiel bereits ein Jahreszeitenwandel entscheidende Kriterien im Gelände verändern.

Insbesondere beim Einsatz von mehreren Schützen an einem einzelnen Objekt, wie es häufig bei Präzisionsschützen vorkommt, ist eine einheitliche Bezeichnung von Objekteinzelheiten ein wichtiges Kriterium. Auch wenn gegebenenfalls nicht jeder Schütze oder jedes Team eine Ansichtsskizze des Objekts anfertigt, so ist diese bei der Einweisung der operierenden Teams im Einsatzgebiet nötig.

ANHANG 1: GLOSSAR

Abkrümmen	konzentriertes Betätigen des Abzugs
Absehen	Ziel- und Hilfsmarkierungen im Sehfeld, mit denen das Zielen und Arbeiten mit dem Zielfernrohr erleichtert wird
Abzug	Hebel der Abzugsmechanik, mit der der Schuss ausgelöst wird
Anschlag	Art und Weise, wie die Waffe festgelegt und auf das Ziel ausgerichtet wird
Ballistik	Lehre von der Bewegung von Projektilen im physikalischen Raum
Bildebenen	Bereiche der Linsen eines Zielfernrohrs, in denen die Lichtbrechung und Bilderzeugung-/vergrößerung erfolgt
D.O.P.E.	Data On Previous Engagements - Daten aus vorhergehenden Schüssen. Möglichkeit der Ermittlung von Schusskorrekturwerten auf Grundlage früherer, vergleichbarer Schüsse
DMR	Designated Marksman Rifle - speziell ausgestattete Waffe für besonders geschulte Schützen auf mittlere Entfernungen
Drall	Rotation des Geschosses um seine horizontale Mittelachse
Drallabweichung	seitliche Verlagerung der Geschossflugbahn durch Abnahme des Magnus-Effekts
Duplex	Absehen-Art, bei der die Balken des Zielkreuzes in speziellen Bereichen um ein definiertes Maß verbreitert dargestellt werden, um einfache Größen und Entfernungsermittlungen durchführen zu können, sowie um die Sichtbarkeit bei geringerem Lichteinfall zu verbessern
Durchgangsebene	Vertikale Ebene um das anvisierte Ziel, die von einem Geschoss durchdrungen wird
Einzellader	Waffe, bei der für jeden Schuss eine Patrone einzeln geladen werden muss, ohne dass der Vorgang aus einem Magazin heraus erfolgt
GEE	Günstigste Einschussentfernung: die munitionsspezifisch empfohlene Einschussentfernung, bei der die maximale Abweichung der Geschossflugbahn von der Visierlinie +/- 40mm beträgt
Justierung	Einrichten des Zielfernrohrs auf die Waffe und Feinabstimmung der Zielmarkierung auf die Trefferlage in einer bestimmten Entfernung
Kaliber	Lichter Durchmesser des Laufs an der engsten Stelle (abhängig von der Laufart)
Klick	Einstellraste an Justiertürmen eines Zielfernrohrs - je nach System entspricht eine Rastverstellung (Klick) einem bestimmen Teil eines mil oder MOA
Korrekturwert	Wert der Klickverstellung oder des Vorhalts, um externe Einflussfaktoren für einen Treffer zu kompensieren
Lauf	Bauteil der Waffe und Bestandteil des Rohrs, in dem das Geschuss geführt wird

Magnus-Effekt	Stabilisierung eines rotierenden Projektils durch einseitige Kompression von Luft
mil	Milliradian, Maßeinheit für Entfernungs- und Zielgrößenermittlung, ähnlich MOA
MOA	Minute of Angle (Winkelminute), Maßeinheit für Entfernungs- und Zielgrößenermittlung, ähnlich mil
Montage	Aufnahme des Zielfernrohrs zur festen Verbindung mit der Waffe
Mündung	Vorderster Teil des Laufs, an dem das Geschoss von der geführten Bewegung in den Freiflug übergeht
natürlicher Haltepunkt	Punkt, auf den eine Waffe durch natürliche Muskelspannung im Körper weist, ohne durch externe Einwirkungen beeinflusst zu werden
Parallaxe	Phänomen der Verschiebung zweier Bildebenen übereinander
Patronenlager	Bauteil der Waffe, das Patronenlager nimmt die Patrone auf und wird nach hinten durch den Verschluss abgeschlossen
Practical Rifle	Gewehr für den praktischen Einsatz angepasst, in Anlehnung an Jeff Coopers Scout Rifle
Repetierer	Waffe, bei der nach dem Schuss der Nachladevorgang manuell aus einem Magazin heraus ausgeführt wird
Rohr	Bauteil der Waffe, bestehend aus Übergangskonus und Lauf
Schusslösung	siehe Korrekturwert
Scout Rifle	speziell angepasstes Gewehr für den praktischen Einsatz nach Vorgaben von Jeff Cooper
Selbstlader	auch halb- bzw. vollautomatische Waffe, bei der nach Schussauslösung ein Teil der Energie verwendet wird, um den Nachladeprozess durchzuführen und die Waffe wieder schussbereit zu machen, ohne Zutun des Schützen
Trajektion	spezifische Flugbahn eines frei fliegenden Projektils
Trajektionswirbel	sichtbare Luftverwirbelung durch ein Projektil
transsonischer Übergang	Übergang vom Überschall- in den Unterschallbereich, bei dem ein Projektilflug instabil wird
Tubus	auch Mittelrohr - mittlerer Teil des Zielfernrohrs zwischen Objektiv und Okular
Übergangskonus	Verbindung zwischen Patronenlager und Lauf, Teil des Rohrs, in dem das Geschoss nicht geführt wird
V_0	Anfangsgeschwindigkeit des Geschosses, gemessen von Mündungsaustritt bis 1 m vor der Mündung
Vergütung	Bearbeitung von optischen Linsen, um den Lichtdurchgang zu optimieren
Verschluss	Bauteil der Waffe, der Verschluss schließt das Patronenlager nach hinten ab
Visier	Mechanisches oder optisches Hilfsmittel zur Ausrichtung auf ein Ziel
Visierlinie	gedachte Linie vom Auge des Schützen durch die Visierung auf das Ziel
Vorhalt	Maß der Verlegung der Zielmarke zur Kompensation von Bewegung oder externen Einflussfaktoren

ANHANG 2: ÜBUNGEN

ABZUGSÜBUNG

ENTFERNUNG: n.b.
MUNITION: keine
ANSCHLAG: beliebig

ZIEL
Die Abzugsübung ist eine Trockenübung zur Verbesserung der Abzugskontrolle. Eine stetige, gleichmäßige und gerade Bewegung des Abzugs vom Vorzugsweg über den Auslösepunkt bis hin zum Nachhalten bildet die Grundlage eines präzisen Schusses.

ABLAUF
- Der Schütze nimmt den gewählten Anschlag ein und positioniert sich korrekt.
- Die Waffe wird mit dem Zielfernrohr auf einen Zielpunkt in beliebiger Entfernung ausgerichtet. Dieser muss jedoch klar abgebildet sein.
- Die entladene Waffe wird gespannt und der Anschlag auf eventuelle Fehlerquellen hin überprüft, gegebenenfalls korrigiert.
- Die Waffe wird entsichert und der Abzug langsam und kontrolliert betätigt, bis der Schuss bricht.
- Der Abzug wird weiter nach hinten bewegt bis in den Endanschlag.
- Im Endanschlag wird der Abzug eine Sekunde nachgehalten, bis er wieder kontrolliert gelöst wird.
- Die Waffe wird wieder gespannt, und der Ablauf beginnt erneut.

WICHTIG
Die Waffe ist vor Übungsbeginn auf den Ladezustand hin zu kontrollieren. Während der Übung darf keine Munition verwendet werden!

TIPP
Während der Übung wird der Blick auf dem Zielpunkt gehalten, um Abweichungen durch falsches Abkrümmen zu erkennen.

ABKOMMEN MELDEN

ENTFERNUNG: n.b.
MUNITION: keine
ANSCHLAG: beliebig

ZIEL

Die Übung schult den Blick „durch den Schuss" und zeigt zeitgleich Ablagen durch Fehler während der Schussauslösung auf.

ABLAUF

- Der Schütze nimmt den gewählten Anschlag ein und positioniert sich korrekt.
- Die Waffe wird mit dem Zielfernrohr auf einen Zielpunkt in beliebiger Entfernung ausgerichtet. Dieser muss jedoch klar abgebildet sein.
- Die entladene Waffe wird gespannt und der Anschlag auf Fehlerquellen hin überprüft, gegebenenfalls korrigiert.
- Die Waffe wird entsichert und der Abzug langsam und kontrolliert betätigt, bis der Schuss bricht.
- Währende der Schussauslösung liegt der Fokus auf dem Zielpunkt. Im Moment der Schussauslösung wird das Abkommen (Abweichung vom Haltepunkt) ermittelt und notiert.
- Der Abzug wird weiter nach hinten bewegt bis in den Endanschlag.
- Im Endanschlag wird der Abzug eine Sekunde nachgehalten, bis er wieder kontrolliert gelöst wird.
- Die Waffe wird wieder gespannt, und der Ablauf beginnt erneut.

WICHTIG

Die Waffe ist vor Übungsbeginn auf den Ladezustand hin zu kontrollieren. Während der Übung darf keine Munition verwendet werden!

TIPP

Während der Übung wird der Blick auf dem Zielpunkt gehalten und das Abkommen ermittelt. Das Abkommen wird mit den möglichen Fehlerquellen notiert. Im Anschluss kann eine Fehlerkorrektur erfolgen. Zur besseren Fehlerkorrektur kann diese Übung als Partnerübung durchgeführt werden, wobei durch den Partner nur sicher erkannte Fehlerpunkte nach Melden des Abkommen unkommentiert aufgeführt werden. Die Übung kann im späteren Trainingsverlauf auch im scharfen Schuss durchgeführt werden.

NACHLADEN VON REPETIERBÜCHSEN AUS DEM MAGAZIN

ENTFERNUNG: n.b.
MUNITION: keine/Dummypatronen
ANSCHLAG: beliebig

ZIEL

Das Nachladen von Repetierbüchsen aus dem Magazin erfolgt durch die Betätigung des Repetierhebels. Um zeitnahe Folgeschüsse zu ermöglichen, soll dieser Vorgang intuitiv erfolgen und ohne den Blick vom Ziel zu nehmen. Diese Übung dient der Koordination und Prägung des Muskelgedächtnisses.

ABLAUF

- Der Schütze nimmt den gewählten Anschlag ein und positioniert sich korrekt.
- Die Waffe wird mit dem Zielfernrohr auf einen Zielpunkt in beliebiger Entfernung ausgerichtet. Dieser muss jedoch klar abgebildet sein.
- Die Waffe wird gespannt und der Anschlag auf Fehlerquellen hin überprüft, gegebenenfalls korrigiert.
- Die Waffe wird entsichert und der Abzug langsam und kontrolliert betätigt, bis der Schuss bricht.
- Der Abzug wird weiter nach hinten bewegt bis in den Endanschlag.
- Im Endanschlag wird der Abzug eine Sekunde nachgehalten, bis er wieder kontrolliert gelöst wird.
- Nach Lösen des Abzugsfingers vom Abzug wird der Repetierhebel mit den ausgestreckten Fingern der Schusshand kontrolliert entriegelt.
- Nach der Entriegelung greifen die Finger der Schusshand den Repetierhebel und führen ihn zügig bis in den hintersten Anschlag.
- Der Repetierhebel wird mit dem Handballen der Schusshand kräftig und gleichmäßig in den vorderen Anschlag gedrückt und wieder verriegelt.
- Die Schusshand etabliert wieder den Griff, und der Abzugsfinger wird wieder auf dem Abzug positioniert. Der Ablauf beginn erneut.

WICHTIG

Die Waffe ist vor Übungsbeginn auf den Ladezustand hin zu kontrollieren. Während der Übung darf keine scharfe Munition verwendet werden!

TIPP

Während der Übung bleibt der Blick auf dem Ziel, die Waffe wird nach der Schussauslösung wieder ausgerichtet. Während des Ladevorgangs soll die Körperhaltung so wenig wie möglich verändert werden. Im weiteren Trainingsverlauf kann die Übung im scharfen Schuss erfolgen.

NACHLADEN MIT EINZELPATRONE BEI REPETIERBÜCHSEN

ENTFERNUNG: n.b.
MUNITION: 1 x Dummypatrone/Durchgang
ANSCHLAG: beliebig

ZIEL

Die Nachladeübung mit einer Einzelpatrone soll den Ablauf des Zuführens einer einzelnen Patrone durch die Auswurföffnung bei leerem Magazin schulen. Ziel ist es, diesen Ablauf so durchzuführen, dass die Körperhaltung im Anschlag weitestgehend unverändert bleibt, damit der Folgeschuss zeitnah angebracht werden kann.

ABLAUF

- Der Schütze nimmt den gewählten Anschlag ein und positioniert sich korrekt.
- Die Waffe wird mit dem Zielfernrohr auf einen Zielpunkt in beliebiger Entfernung ausgerichtet. Dieser muss jedoch klar abgebildet sein.
- Die Waffe wird über den Repetierhebel geöffnet.
- Die Schusshand ergreift eine Dummypatrone und führt diese über die Auswurföffnung des Systems in die Waffe ein.
- Die Waffe wird geschlossen und verriegelt.
- Es erfolgt die konzentrierte Schussauslösung inklusive Nachhalten.
- Die Waffe wird wieder geöffnet, und der Ablauf beginnt erneut.

WICHTIG

Die Waffe ist vor Übungsbeginn auf den Ladezustand hin zu kontrollieren. Während der Übung darf keine scharfe Munition verwendet werden!

TIPP

Der Ablauf ist zunächst langsam in Einzelschritten zu üben. Mit zunehmender Erfahrung werden die Abschnitte flüssig ineinander übergehen. Die Körperposition darf im Ablauf nicht verändert werden, nur der Blick wandert während des Zuführens vom Zielbereich auf die Auswurföffnung. Im späteren Verlauf kann diese Übung im scharfen Schuss durchgeführt werden.

MAGAZINWECHSEL EXTERNES KASTENMAGAZIN

ENTFERNUNG: n.b.
MUNITION: 2 leere Magazine + 1 Dummypatrone
ANSCHLAG: beliebig

ZIEL

Der Magazinwechsel soll so geprägt werden, dass dieser im Anschlag ohne wesentliche Veränderungen in der Körperhaltung erfolgen kann.

ABLAUF

- Der Schütze nimmt den gewählten Anschlag ein und positioniert sich korrekt.
- Es erfolgt eine Schussauslösung.
- Die Waffe wird geöffnet und das leere Magazin mit der Schusshand entnommen.
- Das neue Magazin mit der Dummypatrone wird mit der Schusshand gegriffen und in die Waffe eingesetzt.
- Die Waffe wird geschlossen und der Verschluss wieder leicht geöffnet.
- Mit dem Zeigefinger der Schusshand wird die Zuführung einer Patrone geprüft.
- Die Waffe wird wieder geschlossen, und es erfolgt eine kontrollierte Schussauslösung.

WICHTIG

Die Waffe ist vor Übungsbeginn auf den Ladezustand hin zu kontrollieren. Während der Übung darf keine scharfe Munition verwendet werden!

TIPP

Der Ablauf ist langsam und schrittweise einzuüben. Mit zunehmender Sicherheit im Ablauf kann die Geschwindigkeit erhöht und die Abläufe fließend kombiniert werden. Die Körperhaltung im Anschlag soll weitestgehend unverändert bleiben! Der Schwerpunkt liegt auf der Beibehaltung des Anschlags und der Minimierung unnötiger Bewegungen. Im späteren Trainingsverlauf kann diese Übung im scharfen Schuss umgesetzt werden.

GRÖSSEN-/ ENTFERNUNGSERMITTLUNG

ENTFERNUNG: n.b.
MUNITION: n.b.
ANSCHLAG: beliebig

ZIEL
Mit dieser Übung soll die Fähigkeit zur Größen- und Entfernungsermittlung mit Hilfe von mil-Absehen geschult werden.

ABLAUF

- Der Schütze nimmt den gewählten Anschlag ein und positioniert sich korrekt.
- Es werden Ziele und Objekte auf unterschiedliche Entfernungen anvisiert und mit dem mil-Absehen vermessen.
- Die Größen/Entfernungen werden mittels Berechnung oder Tabelle ermittelt und in einer Zielskizze festgehalten.
- Die Ergebnisse werden durch Abmessung vor Ort oder technische Hilfsmittel verifiziert.
- Im scharfen Schuss können entsprechende Ziele nach Ermittlung der korrekten Schusslösung beschossen werden.

WICHTIG
In der Anfangsphase muss eine der Eingangsgrößen (Zielgröße, Zielentfernung) bekannt sein, um ein Gefühl für Größen und Entfernungen zu entwickeln.

TIPP
Im späteren Trainingsverlauf können die Eingangswerte geschätzt werden. Eine Kontrollmöglichkeit muss bei dieser Übung gegeben sein.

JEFF COOPERS SCOUT RIFLE TEST

ENTFERNUNG: 50 m
MUNITION: 1 Magazin
ANSCHLAG: stehend

ZIEL
Reaktionszeit und Handling des Scout Rifle soll durch Abgabe von Erst- und Folgeschüssen verbessert werden.

ABLAUF
- Der Schütze nimmt die Pirschhaltung ein.
- Auf das Feuerkommando wird die Waffe in Anschlag gebracht und entsichert.
- Im Anschlag wird der erste Schuss als Reaktionsschuss innerhalb von maximal 1,5 Sekunden gezielt abgegeben.
- Nach dem ersten Schuss wird die Waffe umgehend nachgeladen und zwei gezielte Folgeschüsse in maximal zehn Sekunden abgegeben.
- Nach dem letzten Schuss wird die Waffe abgesenkt, gesichert und gegebenenfalls nachgeladen.
- Die Pirschhaltung wird eingenommen, und der Ablauf beginnt erneut.

WICHTIG
Die Treffer müssen alle im definierten Zielbereich liegen (schwarzer Bereich 10er Ringscheibe)

TIPP
Die Schüsse dürfen nicht übereilt abgegeben werden. Der erste Schuss ist als Reaktionsschuss mit der mittleren Zielmarkierung abzugeben, die Folgeschüsse aus dem gezielten, konzentrierten Anschlag.

DMR ÜBUNG ZIELWECHSEL NAH / FERN

ENTFERNUNG: 30 m + 100 m
MUNITION: 1 Magazin
ANSCHLAG: beliebig

ZIEL
Die Übung soll den Wechsel der Zielhilfen für Nahbereich und Distanzschuss schulen. Pro Durchgang wird jeweils ein Schuss auf die Ziele abgegeben.

ABLAUF
- Der Schütze nimmt den gewählten Anschlag ein und positioniert sich korrekt.
- Mit dem ersten Schuss wird das Nahbereichsziel mit der entsprechenden Zielvorrichtung beschossen.
- Mit effektiver Wirkung im Ziel wird umgehend auf das Distanzziel und die zugehörige Zieleinrichtung gewechselt.
- Das Distanzziel wird mit einem Schuss beschossen.
- Die Waffe wird in die Ausgangsposition gebracht, und der Ablauf beginnt erneut.

WICHTIG
Die Übung soll den schnellen Ziel- und Distanzwechsel trainieren.

TIPP
Um im späteren Verlauf den Schwierigkeitsgrad zu erhöhen, können Ziele auf unterschiedliche Entfernungen durch Zufallsprinzip ausgewählt und beschossen werden. Ebenso kann ein Zeitlimit für den Beschuss gesetzt werden.

SCHUSSAUSLÖSUNG AUF SIGNAL (FORTGESCHRITTENENÜBUNG)

ENTFERNUNG: n.b.
MUNITION: n.b.
ANSCHLAG: beliebig

ZIEL

Die Schussauslösung auf Signal zwingt den Schützen zur Atemkontrolle und Fokussierung auf die Einzelaspekte der Schussauslösung. Die Übung trainiert die kontrollierte Atmung in Verbindung mit der Abzugskontrolle.

ABLAUF

- Der Schütze nimmt den gewählten Anschlag ein und positioniert sich korrekt.
- Das Ziel wird erfasst, die Waffe entsichert und der Abzugsfinger platziert.
- Auf ein Timersignal erfolgt die Schussauslösung innerhalb von 3 Sekunden.
- Das Abkommen wird im Nachhalten gemeldet und notiert.
- Die Waffe wird nachgeladen, und der Ablauf wiederholt sich.

WICHTIG

Die Übung kann sowohl als Trockendrill, als auch im scharfen Schuss erfolgen. Die Übung ist als weiterführende Übung für Fortgeschrittene konzipiert, so dass die Grundfertigkeiten im Vorfeld stressresistent gefestigt sein müssen.

TIPP

Die Übung kann als Partnerübung oder als Einzelübung mit Timer erfolgen. Bei der Nutzung eines Timers sollte ausreichend Pausenzeit zwischen den Durchgängen programmiert werden, um eine korrekte Schussposition einzunehmen. Die Zeit für die Schussauslösung kann bei der Timernutzung ebenfalls mit einem Stopp-Signal festgelegt werden.

SCHUSSDATENBLATT

Zeit	Ort	Munition	Entfernung		○ m ○ yd
			Position		
Luft-feuchte	Luftdruck	Höhe (ü.n.N.)	Temp. (°C/°F)	Winkel	

Position		
○ stehend	○ kniend	○ liegend
○ unterst.:		○ frei

Wind	○ km/h ○ mph	Licht	○ nat. ○ künstl.
○ 1/2	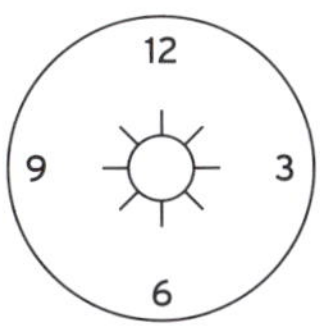	○ klar	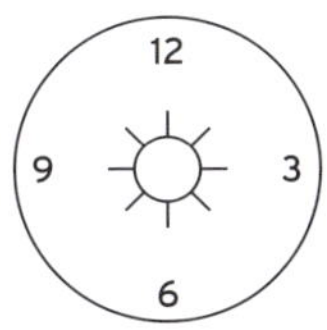
○ 3/4		○ diesig	
○ 1/1		○ neblig	
○ Rücken		○ bedeckt	
○ Gegen		○ Nacht	

Zielart	○ weich	○ hart
Abmessungen	Breite	Höhe

Schuss	1	2	3	4	Skizze
Höhe					
Seite					
Abk.					
Schuss	5	6	7	8	
Höhe					
Seite					
Abk.					
Schuss	9	10	11	12	Notizen
Höhe					
Seite					
Abk.					

Quelle: Schießen mit Zielfernrohr • Wieland Verlag GmbH

NOTIZEN

ANHANG 3: LÖSUNGEN

KAPITEL 5

Seite 38

Beispiel 1:

$\frac{14 \text{ cm}}{5{,}56 \text{ cm/MOA}}$ = 2,517 MOA ➡ 2,5 MOA = 5 Klick (bei 1/2 MOA Verstellung)

$\frac{14 \text{ cm}}{5{,}6 \text{ cm/MOA}}$ = 2,5 MOA ➡ 2,5 MOA = 5 Klick (bei 1/2 MOA Verstellung)

$\frac{14 \text{ cm}}{6 \text{ cm/MOA}}$ = 2,3 MOA ➡ 2 MOA = 4 Klick, 2,5 MOA = 5 Klick

Beispiel 2:
1 MOA auf 250 m = 5,56 cm + (0,5 x 2,78 cm)= 6,95 cm

$\frac{7 \text{ cm}}{6{,}95 \text{ cm/MOA}}$ = 1,007 MOA ➡ 1 MOA = 8 Klick (bei 1/8 MOA Verstellung)

$\frac{7 \text{ cm}}{7 \text{ cm/MOA}}$ = 1,0 MOA ➡ 1 MOA = 8 Klick (bei 1/8 MOA Verstellung)

$\frac{7 \text{ cm}}{7{,}5 \text{ cm/MOA}}$ = 0,93 MOA ➡ 1 MOA = 8 Klick (bei 1/8 MOA Verstellung)

Beispiel 3: 1 MOA auf 200 m = 5,6 cm
1 MOA auf 100 m = 2,8 cm

1 MOA auf 280 m = 5,6 cm + (0,8 x 2,8 cm) = 7,84 cm

1 MOA auf 200 m = 6 cm
1 MOA auf 100 m = 3 cm

1 MOA auf 280 m = 6 cm (0,8 x 3 cm) = 8,4 cm

Seite 41

Beisp. 1: $\frac{1 \text{ m} \times 1000}{2 \text{ mil}}$ = 500 m Beisp. 2: $\frac{1 \text{ m} \times 1000}{250 \text{ m}}$ = 4 mil Beisp. 3: $\frac{375 \text{ m} \times 1{,}2 \text{ mil}}{1000}$ = 0,45 m

KAPITEL 6

Seite 48

1 MOA/ 100 m = 2,8 cm
2,8 cm / 8 Klick = 0,35 cm/Klick

Seitenkorrektur: $\frac{2{,}4\ \text{cm}}{0{,}35\ \text{cm/Klick}}$ = 6,8 Klick ➡ 7 Klick

Höhenkorrektur: $\frac{2{,}4\ \text{cm}}{0{,}35\ \text{cm/Klick}}$ = 6,8 Klick ➡ 7 Klick

Seite 49

1 mil/200m = 20 cm
1/10 mil = 2 cm

Seitenkorrektur: $\frac{3{,}5\ \text{cm}}{2\ \text{cm/Klick}}$ = 1,75 Klick ➡ 1 Klick

Höhenkorrektur: 0,2 cm ➡ Abweichung kann vernachlässigt werden!

KAPITEL 10

Seite 74

Beispiel 1: Abgelesener Wert 300 m: 0,54 m
Abgelesener Wert 400 m: 0,72 m

➡ 0,60 m - 0,54 m = 0,06 m
➡ 0,72 m - 0,60 m = 0,12 m
➡ 0,72 m - 0,54 m = 0,18 m

Gesamtdifferenz zwischen Werten 300 m und 400 m = 0,18
Teildifferenzen von 0,6 m zu den Werten 300 m und 400 m = 0,6 und 0,12
➡ 1/3 Teilung
100 m (Differenz zwischen 400 m und 300 m) / 3 = 33,33 m

➡ Entfernung: 333,33 m
➡ grobe Schätzmarke: 350 m

Seite 74

Beispiel 2: Ablesung aus Tabelle: 0,33 m

Seite 75

Beispiel 1 & 2:

$$\frac{1{,}75\ \text{MOA}}{3{,}5\ \text{MOA/mil}} = 0{,}5\ \text{mil}$$

Beispiel 3: 4,7 mil bei 1/2 MOA Verstellung:

Ablesung aus Tabelle: 4,7 mil = 16,2 MOA
16,2 MOA x 2 Klick/MOA = 32,4 Klick ➡ 32 Klick

Seite 78

Beispiel 1: Ablesung aus Tabelle 3-5 mph: 0,3 mil

Beispiel 2: Ablesung aus Tabelle 9-12 mph: 2,2 mil

Beispiel 3: Ablesung aus Tabelle 13-15 mph:
.308 Win: 0,35 mil
.300 WM: 0,27 mil

Beispiel 4: Umrechnung km/h in mph: 22 km/h / 1,6296 = 13,5 mph

.308 Win

$$\frac{1/2 \times 13{,}5\ \text{mph} \times 0{,}2}{4\ \text{mph}} = 0{,}34\ \text{mil}$$

.300 WM

$$\frac{1/2 \times 13{,}5\ \text{mph} \times 0{,}2}{5\ \text{mph}} = 0{,}27\ \text{mil}$$

Seite 79

Beispiel 1: Ablesung aus Tabelle: 637 m

Beispiel 2: Ablesung aus Tabelle: 1078 m